すごいぜ！ 菌類

星野 保 Hoshino Tamotsu

★──ちくまプリマー新書
355

目次 * Contents

イラスト　たむらかずみ

はじめに　生き物オタクの少年、菌学者になる

〝菌〟のことが気になり、何となく本書を手にしたあなた！　半分正解です。本書は、可能な限り平易な文章と優れた図（なにせ私が描く訳じゃない）で、〝菌類〟と呼ばれる生物を解説するものだ。菌にはもう一つ細菌類と呼ばれる微生物がある。残念ながら腸内細菌や乳酸菌など細菌類は、本書では第一章で少し触れる程度だ。専門に解説しようとすれば、もう一冊の別の本ができる。一方、発酵の関わる麴《こうじ》や酵母は菌類だが、クロレラやユーグレナは光合成をする別の微生物だ。その位、微生物は多様性に富んでいる。

私は、雪腐《ゆきぐされ》病菌と呼ばれる積雪下で越冬する植物に対して病原性を示す菌類を研究している。研究対象である雪腐病菌は、菌類の中でもマイナーなグループであるが、幸運にもこれまでにこれらの菌類に関する二冊の本を書く機会があった。その時々に私が伝えたいことを真っ先に記した結果、海外での生物調査では現地研究者との協力が重要だ

と力説したはずが、「(酔っぱらってばかりで)肝心の菌に関する記述が少ない」(『菌世界紀行』岩波科学ライブラリー、二〇一五年)との苦言を頂いたり、雪辱を期した次作は「菌の名は横文字ばかりで、脚注が長く、(呑《の》んだくれてないので)つまらない」(『菌は語る』春秋社、二〇一九年)と散々だったが、とにかく、金と名声につられて(それを手にできなかった)たことを反省し、今後は青森県のはずれでひっそりと純朴な青年に道を説くことを決心した数日後、本書のお話を頂き、ニッチなニーズはやはりある!二度あることは三度ある‼と新たな野望を抱くことになった。

とは言え、今回は自分の経験や専門知識だけにとどまらず、広く菌類を紹介することにする。日本菌学会には(人間性はさておき)優れた研究者は綺羅星《きらぼし》のごとくおられるので、自分で大丈夫かと不安になり、一日一〇時間以上眠れない日々が続いた。不安も時が過ぎると日常になる。自分の胸に手を当てて考えると、心臓の鼓動と共にそもそも自分が最初から菌類好きではないことに気が付いた……。

生物学者には二つのパターンがある。検証すべき問題を念頭に、これに適した生物を対象に選ぶタイプAと、その生き物が好きで研究を始めた後から、学術的な意味付けに腐心するタイプBだ。私は、幼い頃から訳もなく虫が好きだったし、今も爬虫類《はちゅうるい》を始めとする様々な変温動物を見ると無用に心ときめくが、その理由を明確に述べることができない（哺乳類に対しては、特に思うことはない。ただサイやセンザンコウは結構好きで、ハリモグラやヤマアラシも悪くないと思う。じゃあ、ふさふさしていないのが好みかと言うとハダカデバネズミにはときめかない）。

なぜ好きなのかは、好きだからとしか説明できない。だから自分が根っからの生き物好き（タイプB）と思っていた。しかし振り返ると一〇代の頃、植物や菌類に対する思い入れはなかった。私が菌類を手にしたのは、大学の卒業研究からで、菌類は実験に使用する生きた薬品のように考えていた（元々はタイプAだったのかも知れない）。

ある種のきのこに本格的に入れ込むのは三〇歳に手が届く頃だ。この辺のくだりは、重複もあるので前掲の二冊を拾い読みして欲しい。高校では、生物と化学（と地理・世界史）が得意だったので、大学では化学を通じて水産物を理解することを選んだつもりだが、就職を境に徐々に、その手段である特定の菌類の生き方自体に興味の中心が移っていった。つまり、私は生き物の素晴らしさを客観的に説明できない可能性は高いが、その一部である菌類の凄《すご》さについては、解説できる気がしてきた。

第一章以降では、私たちの身近や遠くにいるカビやきのこ、酵母と言った菌類とはそもそもナニモノなのか？　その生き方について、これまでの反省を踏まえ、（近年は五〇代～四〇代の研究者の特徴ともされる）はっちゃけた芸風はなるべく封印しつつ、客観的事実九割、著者の主観と好み一割で解説を目指す。ちなみに本書を読んだ後、寒さと生きる菌類に興味があれば『菌は語る』を（客観八割、主観二割で、著者の好み一〇割）、次いで海外調査に興味があれば『菌世界紀行』（客観的事実二割、著者の主観八割）を読んで頂きたい。この順に読んで頂けると生物学には、知の集積と合わせてエンタメ的な物語があることが判《わか》って頂けると思う。本当は逆順に発表できたらスマートだったと思うが、極めてマニアックな菌類を振り出しに、菌類全体を語る機会を頂けたことはとても光栄に思う。

では、とっくりと菌類という生き物について記していこう！

第一章　「菌」とはナニモノなのか？

たかがばい菌、されどばい菌

私たちの普段の会話の中で〝微生物〟という言葉は、それほど使われていないだろう。だが微生物は、私たちの身近にもいる。キッチンや冷蔵庫に忘れ去られた野菜たちの無残な姿、シャワーの際に意識的にスルーした赤いぬめりの原因は、微生物の仕業で、妖怪や精霊ではない。個人的には、妖怪や精霊の振る舞いは、意識の有無は別にして、それを信じる人の心と風土が作用する現象だと考える。

身近な微生物は、あきらかに〝人に役立つ〟発酵を除いて、〝ばい菌〟とディスられるか、病原菌として恐れられる。このばい菌と十把《じっぱ》ひとからげにされる微生物は、実に多様な種類の生き物からなることをご存じだろうか。

これから生物学を学ぶ方々も、学んだ記憶がうっすらとあるあなたも、遺伝子やDN

Aは、聞いたことがあると思う。生き物それぞれの姿かたちや性質は、情報として記録されており、それがデオキシリボ核酸、DNAの塩基配列として保存されている。ウイルスの一部は、この情報をDNAではなくリボ核酸、RNAの形で保存している。このDNAは、重要な情報物質なので、ウイルスを除く生き物の体を構成する最小単位である〝細胞〟に一つ以上含まれている。細胞がないからウイルスは、生物じゃないとディスられていた。そしてDNAは、膨大な情報なので、細胞の中の小器官の一つ〝核〟（いかにも重要というか、ヤバいものが隠されてる雰囲気が察せられる）に仕舞われているグループと、核をもたずDNAは細胞内でむきだしのまま存在するグループに、生物は大別される。

核をもたない生物は、全て微生物であり、原核生物と呼ばれる細菌類だ。朝食の納豆の中にいる納豆菌やヨーグルトの乳酸菌、O－157だけでなく私たちの腸内に普通にいる大腸菌は、この仲間だ。一細胞が一個体としてふるまうことができるので、単細胞生物とも称される。単細胞は、人を小馬鹿にする意味にも使用されるが、最小単位で全てできることは、じっくり考えると決して悪くはない。

これまで知られている最も古い生命の記録は、四二億年前の細菌の活動と推定される構造物で随分と古い。しかも活動記録なので、これには異論もある。最も古い微生物自体の化石は、約三七億年前のものである。これはストロマトライトと呼ばれ、今もオーストラリアの海岸にある、生きている鉱物（！）だ。光合成する細菌である藍藻《らんそう》類が粘液を分泌し、これに泥などがからみつくことで、微生物なのに目に見える大きさまで成長する。地球上に誕生した最初の生命については諸説あるが、確たる証拠はまだ得られていない。しかし、現生する生き物の中で、細菌類は最も年かさであることに間違いはない。

最初の頃の細菌たちは、みな原始地球の大気に合わせて酸素を必要としないというか、嫌いな（嫌気性の）ヤツばかりだった。さらに藍藻のような光合成ができる細菌によって、大気中の酸素濃度が上昇する。藍藻などは、湖沼のアオコとして見たことがあるだろう。こんなところで泳ぎたくないなと思う水面にいる菌は、過去に地球を大改造するかなりスゴイことをやってのけているのだ。なんでこんな大昔のことを見てきたように書くことができるかと言うと、全て地球に記録されているからだ。大地と海底に積み重なる地層を単なる石くれだとは思わず、その場所にある意味を解読することによって知ることができる。ここでは、三行まとめのように、さらっと書いているが個別に詳しく書くと、これで一冊の本になる位の分量があるし、その基となった結果の多くは、辿《たど》っていくと日本語で記されていない（このご時世、新しい知見は大概、英語で発表されることが多い）。これ以降の文章も同じで、そこに書かれたことの裏どりをするのは、結構楽しいと思う。興味があれば、是非やってもらいたい。

話をもどすと、藍藻などによって地球大気の組成が大きく変化し、酸素濃度が上昇すると細菌の中で酸素を利用するモノがあらわれる。これが私たちの遠いご先祖様か！と思うかも知れないが、これは細胞の中にあるミトコンドリアの先祖になる。核を持つ私たちの細胞の基は、遺伝子解析の結果（現在、遺伝子解析は様々な場面で活躍するパワフルツールだ）、ロキ類アーキアと呼ばれる深海底でメタンガスが噴出するような環境に今もいる細菌の一種であることが明らかとなった、ちなみにロキは北欧神話に登場するトリックスターで、最近はマーベル・コミックの敵キャラの一人にもなっている。

ロキ類アーキアは、北極海の熱水噴出孔〝ロキの丘〟から採集されたことによる命名で、科学者もこの位のユーモアはある。また、アーキア（語源はギリシャ語の太古の意味）とは、見かけはこれまで登場した細菌類（こちらは真正細菌とよばれる）と大差ないが、遺伝子による系統や生き方が大きく異なる原核生物である。

アーキアの代表的な菌たちは、高温・高塩分や嫌気環境でメタンガスを生成するものが知られており、光合成細菌による地球大改変前の環境に適応していると考えられる。これらは古細菌と呼ばれていたが、現在は地球上に広く分布していることが判っている。アーキアについて詳しく知りたい方は、日本アーキア研究会監修の『アーキア生物学』（共立出版、二〇一七年）を一読されると良いと思う。

そして、このロキ類アーキアは、成長するのに随分と時間が掛かり、このアーキアを確認するための培養に五年以上の時間が必要だった。私たちの周りにいる細菌は、あっという間に成長するものが多い（だから普段の暮らしには、冷蔵庫が必要となる）。しかし、細菌の種によっては、人に見えるくらいまで成長するのに、日本で言えば高校を卒業し、一年浪人した後にさらに大学に入学し、なんやかんやあってから卒業する位の時間が掛かるものがいるのだ。

一方、〝核〟をもつ生物は、〝真核生物〟と呼ばれ、きのこや動植物など裸眼で見える生物の大半がこのグループにいる。しかし、この肝心かなめの、真核生物が真核生物たる所以《ゆえん》となる核がどのように生じたのか、いまだによく分かっていない。

アーキアの一部は、喰《く》うものに困り、効率よく餌（有機物）が取れるように、細胞を包みこれを支える働きをもつ細胞壁を脱ぎ捨てたと考えた研究者がいる。細胞壁のないアーキアは、自由に細胞の大きさと形を変化させることができた。そのため有機物を取り込みやすくするため細胞表面にひだを作り、表面積を増やした。ひだ状の細胞膜から、外界の物質や他の細菌を取り囲んで細胞内に取り込む機能が生じ、さらにDNAを囲んだ細胞膜の一部が切れて核を形成した。これが真核生物誕生の仮説だ。しかし随分と古い話なので証拠は極めて少ない。

酸素を利用できる（好気性）細菌がこの真核生物のご先祖に取り込まれ、あるいは共生してミトコンドリアになった。その結果、嫌気性のアーキアでも酸素を使って呼吸ができるようになった。ここで言う呼吸は、息をする意味ではなく、エネルギーを得ることの意味だ。だから肺のない菌でも呼吸できる。また、藍藻類も同様に取り込まれると

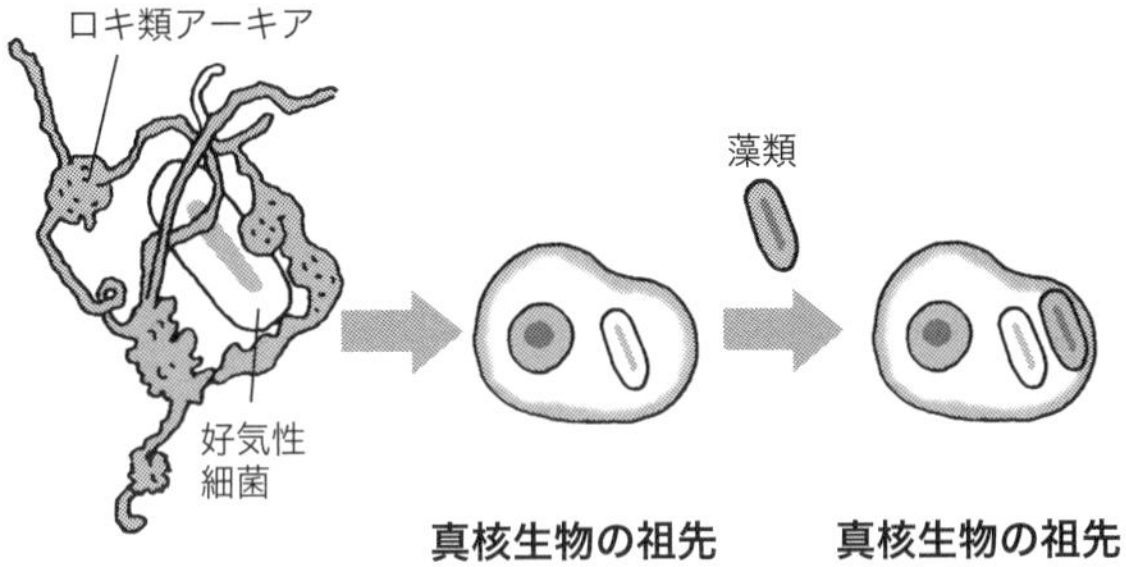

	真核生物の祖先	真核生物の祖先
ロキ類アーキアと好気性の真正細菌が互いの生産する物質をやり取りする共生関係になる	ロキ類アーキアとの細胞に好気性細菌が取り込まれる。→菌類・動物などの祖先	さらに光合成する藍藻が取り込まれる。→藻類・植物の祖先

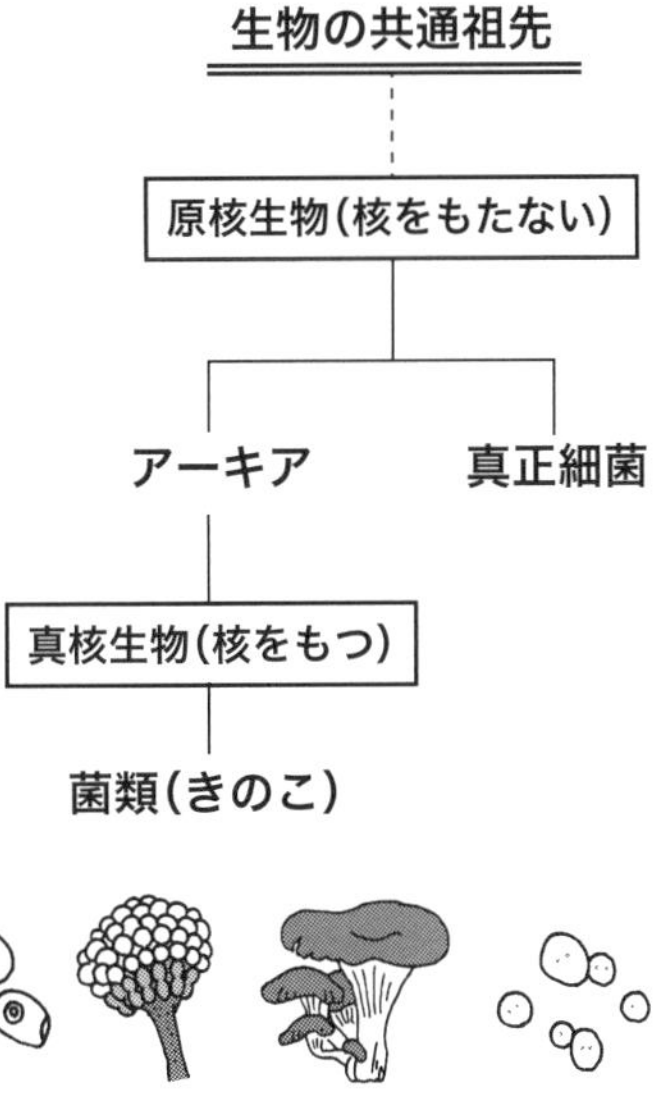

葉緑体などになった。これらは細胞内共生説と呼ばれている。この証拠はミトコンドリア・葉緑体それぞれに祖先となった細菌のＤＮＡを残していることによる。ただしミトコンドリアなどが持っているＤＮＡは部分的で、重要な部分は核のＤＮＡに移行している。このためアーキアに他の細菌が取り込まれ、その働きを制御されてしまった（囚《とら》われの身となった）とみることもできる。これ以外にもペルオキシソームなどの細胞内小器官や鞭毛《べんもう》（単細胞の生物が泳ぐための装置、その泳法は後述する）も細胞内共生説が語られていたが、鞭毛については、現在否定されている。

現在の真核生物ではミトコンドリアをもたないものが存在する。なんで？と思うが、再び嫌気環境に戻った真核生物がいるのだ。彼らのミトコンドリアは、嫌気状態で水素とエネルギーをつくるハイドロジェノソームに進化し、さらにＤＮＡをもたないマイトソームとなった。現在、ミトコンドリアは三系統、ハイドロジェノソームは二系統、マイトソームは一系統の計六系統が知られている。ミトコンドリアのマイトソームへの変化は、真核生物で複数回起きたと推定されている。また、マイトソームだけがもつ機能もあり、真核生物が多様な地球環境に合わせて様々に進化したことが推定される。

葉緑体の獲得は、さらにすさまじい。藍藻類の祖先を細胞内に取り込んで葉緑体にする（この現象は、〝一次共生〟と呼ばれる）だけでなく、葉緑体を持つ真核生物ごと別の真核生物の細胞が取り込んだことも判っている（これは〝二次共生〟）。二次共生が起きた真核生物の葉緑体の一部には、葉緑体独自のＤＮＡ以外に、ヌクレオモルフと呼ぶ一次共生した真核生物のＤＮＡの一部が残っている。二次共生も複数回起きたことが確認されているし、逆に先祖は葉緑体を持っていたのに、これを失ったと考えられる真核生物も存在するから、話は複雑だ。

異なる生物同士の寄生・共生は今も続いている。そして細胞内に宿主とは異なる生物が共生している。ここから新たなミトコンドリアや葉緑体のような細胞内小器官が生まれるかも知れない。たかがばい菌と軽く見られていた微生物たちには、地球生命誕生の謎や、地球環境の改変、様々な環境への進出と、大河ドラマさながらの生命の歴史を知ることができる。これはスゴいと思う。

人、菌類を知る

人の長い歴史の中で、生物はまず動物と植物に分けられた（二界説）。これは古代ギリシャの、科学者にして哲人のアリストテレスが提唱したもので、感覚的にしっくりくるのか、直接この説が伝来していない時期の日本の生物図鑑でもこのようになっていたし、今この本を手にした年かさの読者の方は、理科の授業で習ったのではないだろうか。その後、微生物の存在が明らかになる（三界説）、生物の形態的な特徴を電子顕微鏡などを使って細かく観察する、代謝の仕組みや遺伝子解析などが進むことで八界までに増えた後、六界に修正された。これは、原核生物の細菌界、真核生物の原核動物界、クロミスタ界（紅藻を葉緑体として取り込んだモノとその仲間）、植物界、我らが菌界、動物界からなる（この本では、当然のように動物界ではなく、菌界の生物たちが中心になる）。

現在では、この界ではおさまりがつかず、生物を〝ドメイン〟で分ける考え方が一般的だ。主流の三ドメイン説では、原核生物は〝真正細菌〟と〝アーキア〟に、それに〝真核生物〟のドメインから構成されている。また、二ドメイン説では、真核生物自体はアーキアの一部を祖先に持つことから、〝真正細菌〟と〝アーキア〟に分ける。核やミトコンドリア、葉緑体をもつ私たちや植物たちもアーキアの一つの進化系と考えている。確かに系統的には、そうなのだ！

三ドメイン説中で真核生物は、五つのスーパーグループ（界より一つ上のランク）と未だ所属不明の集団からなる。スーパーグループは、アメーボゾア、オピストコンタ、エクスカバータ、SAR、アーケプラスチダと軒並み聞き覚えのない名だ。それぞれに簡単に紹介しよう。

アメーボゾア　アメーバ状の生き方をするヤツ。アメーバと粘菌類（細胞性粘菌と変形菌類）。古くアメーバは動物、粘菌は植物とされてきた。人が生き物のことをよく知ることにより、それぞれ別の生き物と考えられていた生き物の関係が判って、再び整理されたことによる。また、粘菌類は広義の菌類とされる。一〇億年位前にはいたらしい。

オピストコンタ　動物と狭い意味での菌類、一部の原生動物。後述するが私たち動物に一番近い他のグループは菌類である。カビと親戚筋なのか！と驚くが、これは科学的な事実である。一〇億年位前にアメーボゾアと別れたらしい。

エクスカバータ　動物に対する寄生性を有し、ミトコンドリアをもたないグループを含むことから、過去には原始的な真核生物と考えられていた。栄養価が高く、注目されているミドリムシはここにいる。真核生物のスゴい変わり者大集合なのだ。

SAR　ストラメノパイル、アルベオラータ、リザリアの頭文字をつなげたモノ（提唱者が日本人だったら、〝アリス〟とかにできたかも知れない。リザリアの〝リ〟はRなのでアルファベットを使う人たちにはない発想だと思う）。二本の鞭毛をもち、短いほうが中空になっているストラメノパイル。細胞表面、鞭毛の付け根に泡室、アルベオールと呼ばれる空胞をもつアルベオラータ。ゾウリムシなどの繊毛虫や、夜光虫など渦鞭毛虫《うずべんもうちゅう》（藻）は、ここにいる。さらに糸状・網状の仮足をもつリザリアが加

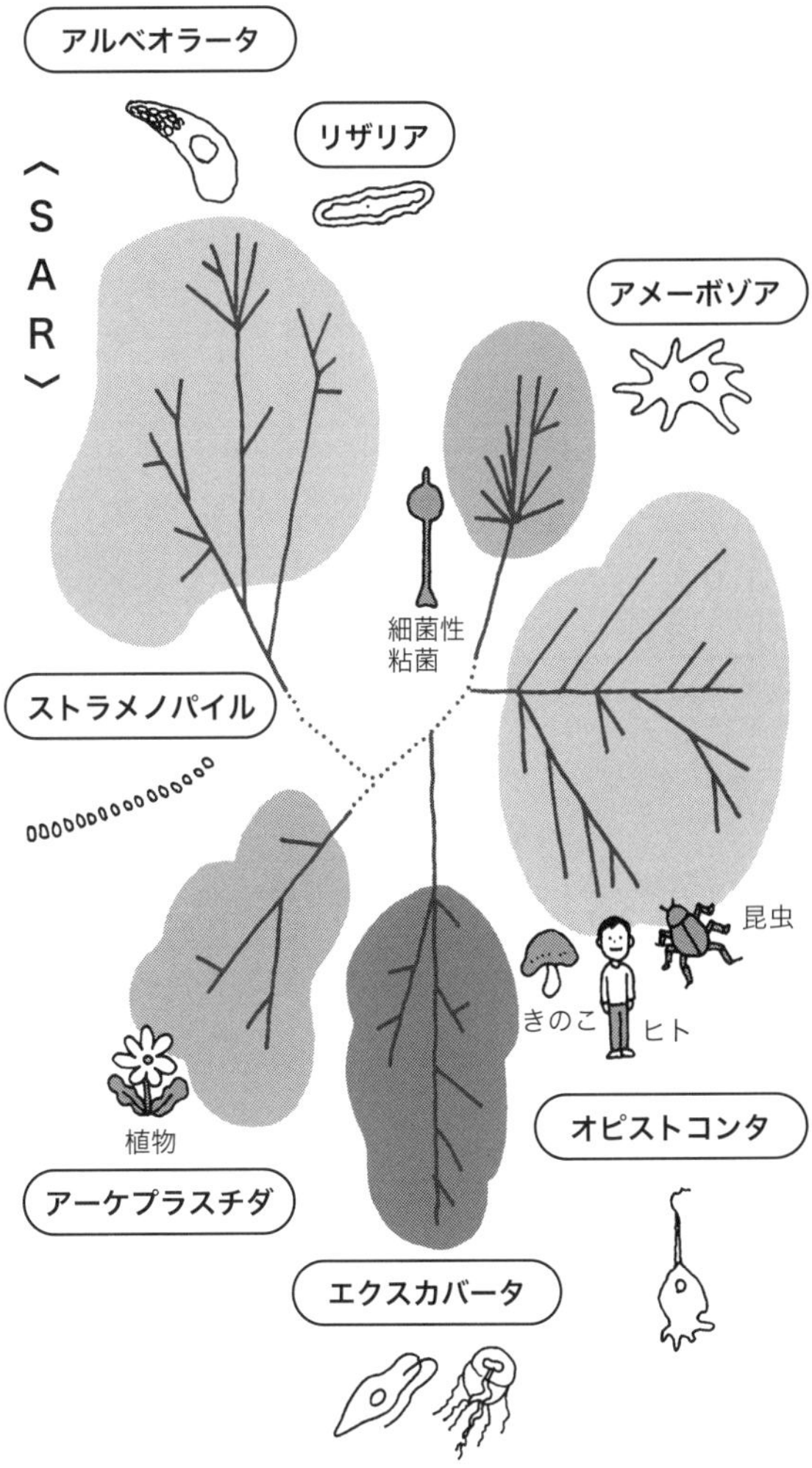
アルベオラータ
リザリア
〈SAR〉
アメーボゾア
細菌性
粘菌
ストラメノパイル
昆虫
きのこ
ヒト
植物
オピストコンタ
アーケプラスチダ
エクスカバータ

わる。ストラメノパイルとリザリアには、広い意味での菌類を含んでいる。

アーケプラスチダ　最初に葉緑体とそれに似た色素体を獲得した者たち。緑色植物（植物や海藻）、紅色植物（紅藻）と灰色植物（原始的な葉緑体をもつ藻類）。

ここで菌類が複数のスーパーグループに存在することや、菌類には狭いとか広いとか色々いることが判ると思う。ここまでしれっと特に解説せずにきたが、菌類とは、光合成をおこなわない従属栄養の生物であり（と書くとやはり例外がいる）、菌糸または単細胞の葉状体（根・茎・葉に分化している茎葉体の対語）を生じる真核生物である（この部分も突き詰めると例外があるな）。このため広義の菌類は、現在菌界に所属しない生物群（卵菌類・サカゲツボカビ類・変形菌類など）を含んでいる。狭義の菌類は、大規模な分子系統解析がおこなわれる以前には、有性生殖よりツボカビ類・接合菌類・担子菌類、子嚢《しのうきん》菌類および所属不明の不完全菌類に大別されていた。

ツボカビ類は、その名の通り、壺《つぼ》形の組織（遊走子嚢）の中で遊走子（見た目どおりに動物の精子にあたる）をつくる。中米の美しいカエルたちを絶滅の危機に追い込んだ、カエルツボカビが、一時ワイドショーを騒がせたくらい有名だが、基本的にあまり人目に触れず、ひっそりと暮らしているものが多いと考えられてきた。しかし、海産のツボカビとその仲間たちは、大型で、動物プランクトンや魚類などに食べられにくく、海底に沈んでいくと思われていた植物プランクトンに寄生し、これを殺すことで、彼らが体に貯めた物質を他の生物が利用できるようにした大仕事に一枚かんでいることが判ってきた。海中での出来事は、観察しづらいのでよく判らないことが多いが、世界中の海洋でツボカビたちが暗躍することから、スケールの大きな事柄であることは間違いない。

ツボカビの遊走子嚢は、上部が開き、鞭毛をもった遊走子が泳ぎ出す。泳いだ先で遊走子は、新たに遊走子嚢をつくったり、他の細胞と融合（有性生殖）して、胞子を形成する。菌類の中では、後述のツボカビ類から分化したコウマクノウキン（漢字で書くと厚膜嚢菌となる）やアフェリダ・クリプト菌（なんじゃこりゃ？　と思うかも知れないが、これは後で解説する）と共に鞭毛をもつ菌類の中でも祖先的な形質を残しているとされる。

接合菌類は、無性的に胞子をつくる。〝無性生殖〟これ即《すなわ》ち、自らのコピーを作ることができる。これ以外に、菌糸同士が融合して、接合胞子という大型の胞子を形成する。これが〝有性生殖〟。接合菌の有名どころは色々あるけれど、イメージの良い、身近なヤツを選ぶとインドネシア出身のテンペ菌 *Rhizopus oligosporus* だと思う。ゆでた大豆を白い菌糸で寄せた発酵食品でタンパク質に富む、淡白な味がいい。テンペは、麴菌《こうじ》ではなく接合菌を利用した食品だ。これら接合菌もツボカビ同様、祖先的な性質をもつとされるが、彼らは既に鞭毛を失っている。

身近な菌類と言われて皆さんが思い当たるのは、発酵に関わる菌や食用のきのこだろう。特にパンや酒など発酵と言えばいの一番に名前の挙がる酵母 *Saccharomyces cerevisiae* や麴菌（正確には黄麴菌《きこうじ》またはニホンコウジカビ：*Aspergillus oryzae*、以下オリゼーと省略）、シイタケ椎茸 *Lentinula edodes* だろう。

酵母と麴カビが子囊菌類、シイタケなどのきのこが担子菌類になる。子囊菌は本来、有性生殖の際に子囊と呼ばれる袋で胞子を包んでいる。酵母では、あの丸っこい単細胞の中に子囊ができて、その中に胞子ができる。でも麴菌は、菌糸の先端が丸くなり、そ

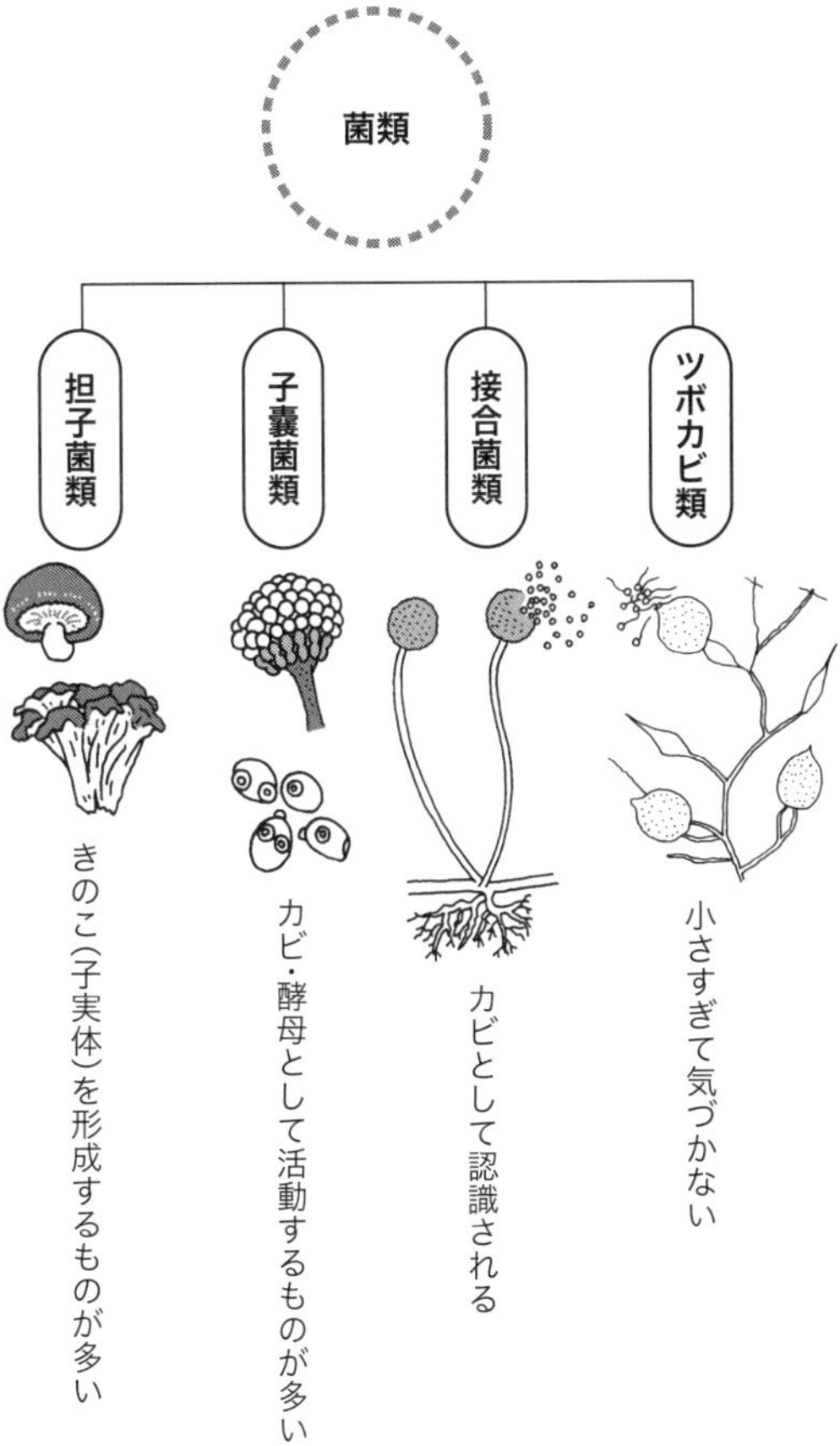
菌類
担子菌類
子嚢菌類
接合菌類
ツボカビ類
きのこ(子実体)を形成するものが多い
カビ・酵母として活動するものが多い
カビとして認識される
小さすぎて気づかない

の先にドレッドヘアのように胞子が連なっており、子嚢はない。これは麹菌の無性生殖での胞子のつくり方で、彼らはこちらの方が有名だ。この無性生殖だけしか見つかっていない菌類は、不完全菌類と呼ばれていた。不完全なのは菌類ではなく、研究者の調べ方が足りないからだと思われるかも知れないが、植物病原菌の一部などは、有性生殖を既に失ったとしか考えられない種もいる（有性生殖に必要な遺伝子自体を失っているものもいる）。

きのこ＝担子菌類とされることが多いが、それは間違い。きのこは、肉眼で認識できる大きさの子実体、胞子形成の器官のことだ。だから接合菌類ならアツギケカビなど、子嚢菌類なら食材名モリーユのアミガサタケやトリュフも子実体だ。では、担子菌類とは何なのかというと、有性生殖の際に担子器という細胞で減数分裂をおこない、その細胞の先端に担子胞子をつくるグループだ。シイタケなど傘の内側に〝ひだ〟のあるきのこでは、そのひだの上に、マイタケなどひだのないきのこならば、きのこの下側の白っぽいところに担子器がある。担子菌類は担子胞子をつくる菌類まとめだから、酵母のような生き方をしながら、きのこをつくらない種もいる。ちなみに彼らは、酵母型の単細胞同士が融合した後、ここから担子器を伸ばして担子胞子をつくる。こうなると彼らの生き方（生活史、生活環）の全てを観察するのに顕微鏡が必要になる。

今、菌界に名を連ねる者たち

現在、狭い意味での菌類は、九門で構成されている。〝門〟とは、界の次の分類階級で、私たちを例にすれば、動物界の次のランク、脊索《せきさく》動物門に当たる。まあ私たちの仲間だよねと思う、オランウータンやゴリラはもとより、一番遠いところだと味の好みが分れるホヤ（幼生の時期には、脊椎《せきつい》に似た脊索をもつ）位までを含むかなり大きな概念である。では今、狭い意味で菌類とされる者たちを紹介しよう。

アフェリダ門（Aphelidiomycota）：約一〇種類が知られている（正式な学名があるということ）。いきなりの変化球からスタートだが、植物プランクトンに寄生し、宿主内ではアメーバとして生きている。このため、少し前まで原生生物（ざくっと言えば動物）と考えられていた。環境が変わって自分たちがしんどくなると、アフェリダは胞子をつくり、そしてここから鞭毛をもつ遊走子を出す。この胞子が前掲のツボカビの胞子に似すぎていることから、その関係性をその筋の研究者から疑われていた。案の定、遺伝子解析から原生生物ではなく、菌類だろうということになった。

ロゼラあるいはクリプト菌門（Rozellamycota: Cryptomycota）：約三〇種類。クリプトとは、〝隠れた〟の意味。今時は、その辺の土やら水やらにどんな生き物がいるのか、培養しないでも判ってしまう。土や水などの環境からDNAを直接抽出し、生物分類に使用する情報のみを知ることができる。その時、今まで人がまだ見たことがない生物の遺伝子が見つかることがある。細菌では結構こんなことがある。クリプト菌も同じだ。これらはてっきり、UMA（未確認動物）とされると思っていたが、そうはならないようだ（細菌類はドメインが異なるが、菌類は動物と同じオピストコンタなのだから間違っちゃいないと思っていたが、UMAは日本語だから使用されないのだろう）。正確にはロゼラ（*Rozella*）属は、既に観察されて、人に認識されていた。人が見知ったロゼラも藻類に寄生し、アメーバ状の細胞と、鞭毛をもつ遊走子と胞子をつくる（だから原生生物とされていた）。

環境から見つかるロゼラに似た遺伝子は、遺伝子の差異に注目すれば属よりも大きな差があった。そしてこの遺伝子を着色して、この遺伝子をもつ生物を染色することで初めてロゼラ以外のクリプト菌の存在が明らかとなった。

遺伝子配列を基にロゼラやクリプト菌たちは、菌類に組み込まれることになるのだが、ここでまた一波乱あった。アフェリダもクリプト菌も活動する細胞はアメーバ状で、細胞壁がない！　菌類と言えばカビや酵母に代表されるように細胞の周りに細胞壁がある（これも長らく菌類が植物の一部とされた理由だ）。細胞壁をもたないものを菌類とするのか？という常識的な疑問が出てくる。だからアフェリダもロゼラも原生生物として扱われていたのだ。現在の生物分類では、進化は遺伝子の変化にも反映することを考慮し、クリプト菌たちも新たな菌界の一員としている。

微胞子虫門（Microsporidia）：約一二五〇種類。動物の細胞内に寄生する単細胞生物。このためミトコンドリアでなく、マイトソームをもつ。ウナギやアユなどの病気は、経済的に重要視されている。その名の通り、以前はこれもバリバリの原生生物と考えられていたので、遺伝子解析の結果が衝撃的であり、大論争となった。微胞子虫が菌界に移行した結果、後に続く菌と動物（原生生物）とのボーダーたちに道を開いたともいえる。

彼らは既に鞭毛を失っている。

この菌は、昆虫にも寄生する。マラリア原虫は、微胞子虫に寄生された蚊は後から入れなくなる。その結果、この蚊に刺されてもマラリアになることはない（個人的には、痒《かゆ》いだけなら渋々認めないこともない）。敵の敵は味方のパルチザン理論により、今後株が上がる可能性がある。

コウマクノウキン門（Blastocladiomycota）：約二二〇種類。遺伝子解析の結果を受けて、ツボカビから独立したが、形態は多様である（だから遺伝子解析前までツボカビと一括《くく》りにされていた）。その名の通り、遊走子嚢の壁は厚く、色がついていて耐久性がある、遊走子を細かく観察すると、コウマクノウキンは核の前を覆うように小粒の脂質膜（リボソーム）が密集した〝核帽〟があるのが特徴。この核帽は、動物細胞だと紫外線の影響を防ぐため、核の日傘として働く、メラニンキャップも同じように呼ばれるが、全くの別物質だ。

この他、ミトコンドリアの数などの違いによってコウマクノウキン型、ツボカビ型、サヤミドロモドキ型（現在、サヤミドロモドキはツボカビ門だが、その分類は不明とされている。その理由の一つが、この遊走子の構造だ）、ネオカリマティクス型、ロゼラ型の五タイプに分類されている。神は細部に宿るというが、遊走子を有する菌類の分類では、電子顕微鏡を用いた、細胞の輪切り写真から確認する必要がある。もともと、大括りのツボカビ類や接合菌類は、形態・構造の単純な下等菌類とされていたが、単純な菌類だからといって簡単に判る訳じゃない。

ツボカビ門（Chytridiomycota）：約九八〇種類。これは、さっき紹介済み。ここからカビらしい見かけグループが続くのだが、変わったヤツもいる。ネオカリマティクス亜門という。カビなのに絶対嫌気性（酸素があると成長できない）という耳を疑う性質をもっている。彼らは牛馬などの反芻《はんすう》動物の消化器内に住んでいる、腸内細菌ならぬ、腸内菌類だ。ミトコンドリアではなく、ハイドロジェノソームをもつばかりか、先住者である腸内細菌から様々な遺伝子を頂いて、これを有効活用している。ミトコンドリアや葉緑体がもともと細胞内に共生する細菌であり、そのＤＮＡの一部は宿主の核に移行している。このように異なる生物間で遺伝子のやり取りをおこなうこと（遺伝子の水平伝《でん》播《ぱ》）がある。

トリモチカビ門（Zoopagomycota）：約九〇〇種類。ここからは、接合菌類とされていたグループ。接合菌類は、完全に解体されてトリモチカビとケカビの二門となった。いずれも全てではないが、寄生生活を送る種が多い。トリモチカビ門は、さらに三つの亜門に分かれ、これは線虫を捕食！するトリモチカビ（線虫の捕食は、ツボカビ子嚢菌類や担子菌類でもある）や、アメーバの細胞内部に寄生するゼンマイカビなどのトリモチカビ亜門と、昆虫などに寄生し、菌糸体があまり発達しない（菌糸が短く、粉っぽい感じ）のハエカビ亜門。彼らの中には、細胞内寄生すると細胞壁を失う種がいる。キクセラ亜門には、土壌や動物の糞《ふん》、昆虫などの腸内にのみに見られる種がいる。これまでの種では、菌糸は管状だが、ここで初めて菌糸の中に仕切り（隔壁）ができて、さらにカビらしい出《い》で立ちになる。

ケカビ門（Mucoromycota）：約七六〇種類。ここからは、さらにカビっぽい見た目の菌になる。菌糸は若い頃はチューブだが、老成すると隔壁ができる。ケカビ亜門（テンペ菌はここ）以外に、クサレケカビ亜門と植物と共生してアーバスキュラー菌根を形成するグロムス亜門がある。クサレケカビ亜門の菌は、ケカビ亜門の菌とは無性生殖の際に胞子をばらまく器官の構造が少し違っている。ケカビでは菌糸の先端に胞子が詰まった球形の袋（胞子嚢）ができる。胞子が成熟すると薄皮が破れるように、多数の胞子が放出される。胞子が散った後に、胞子嚢の先端は丸く膨らみ、隔壁で仕切られる。隔壁を境に先端部分が柱軸、これを支える菌糸が胞子《ほうし》嚢柄《のうへい》である。一方、クサレケカビでは、柱軸を欠いている（隔壁がないので、胞子嚢柄の先端が丸くなっている）。

グロムスは、植物と共生しないと生きていけず、長らく単独で飼うことのできない菌の代表だった。しかし、細菌と共に培養する、あるいは細菌の脂質を培地（菌を飼うための餌のこと）に入れると、菌糸の成長や胞子の形成が可能であることが判ってきた。ちなみにこの菌の胞子、大きいものだと五〇〇㎛つまり〇・五㎜ほどの大きさなので、目の良い人なら裸眼で見えると思う。

ここに上述の子嚢菌門（Ascomycota 約九万種類）と担子菌門（Basidiomycota 約五万種）が入ると、現状の菌界のメンバーそろい踏みとなる。そして子嚢菌類が全体の六二％、担子菌類が三五％、合わせて既知の菌類の九七％を占めている二大巨頭だ。だが残り三％に七つの門がある（さらに細かくネオカリ・キクセラ・グロムスなどを門に格上げする考えもある）。つまりその位に、それぞれの小さなグループにこそ大きな違いがある。ヒトと菌の分かれ道を知るには、彼らを知る必要があると思う。

簡単に一人にはなれない

本書は菌類の凄《すご》さを分かって頂くのが目的であるが、いきなり変なヤツを出すとドン引きされると思うので、まずは身近な菌類を紹介する。身近な菌類と聞くと、発酵食品に関わる酵母だとか麹菌をイメージするかも知れない（納豆やヨーグルトは、同じ発酵でも細菌の御業《みわざ》なので異なる）。でも文字通り、自分の身体の表面に、多くの微生物が見えないだけで、存在している。ヒトを含む動物の外形をありったけ単純化すると、〝円筒〟だとみなすことができる。筒の外側は表皮で、ここには意外に多数の微生物（主に細菌類が多い）がいて、常在菌と呼ばれている。また、ヒトを筒に見立てた場合、その内側は、口から肛門となる。

虫歯になったりするように、また腸内には人から見て善悪あるいは状況に応じて態度？を決める様々な微生物がいる（ここも圧倒的に細菌類が多い）。だからなにか辛《つら》いことがあって、部屋にこもって膝を抱えても、心理的には一人になっているが、生物学的には周りに多数の微生物がいる。理由は上記の通りだ。ちなみに微生物がいなくなったSF『無菌世界』（エフエー出版、一九九一年）を記した宮川正澄博士によれば、腸内細菌を失うと、消化のために我々の消化器が伸長し、下腹が出るらしい。

人の皮膚につく菌類は、水虫など（白癬《はくせん》菌：*Trichophyton* 属や *Microsporum* 属など）のイメージが強く、いない方がいいと思う人もいるかも知れないが、細菌同様、菌類の常在菌にも人知れず結果として人のために役立つ菌もいる。こんな回りくどい書きぶりにしているのは、善玉・悪玉あるいは日和見《ひよりみ》と揶揄《やゆ》される菌たちは、皆自分のために生きており、その結果を人があれこれ言っているだけだからだ。ただ、パン酵母やオリゼーは、もはや家畜ならぬ〝家菌〟として、人に養われていて、人と産業あるいは文化的に密接につながっている。

菌類の生き方は、陣取り合戦に似ている。なので先手有利で、後手に回ると飛び道具（他の菌を抑える抗生物質など）が必要となる。頭皮には他の皮膚の一〇〇倍もの菌類が活動しているらしい。*Malassezia furfur* という酵母がいる。マラセチア属は皮膚常在菌の代表であり、フルフル（かわいい名前だが、ここではラテン語で髪に付くフケの意味！）は、まれに癜風《でんぷう》という皮膚病を起こすが、大概は何もしないで皮膚の油脂を食っている。ただこいつは、人にとってより厄介な病原菌が侵入するのを防ぐ働きも持っている。生物間の関わり方は、様々なレベルがあり、とても多様だ。初めて宿主となる生物に巡り合った微生物（ウイルスを含む）は、宿主を殺すほどに激しく寄生するものがいる。しかし、宿主が死んでしまうと病原菌も困るので、やがて病原性を弱めて、宿主を殺すことはしなくなる（分かりやすく説明する意味で擬人化しているが、微生物にどの程度の知性があるのか定まっていない）。そしてほとんど病原性を失い、時間をかけて宿主とwin-winの共生関係へと変化する。本稿を執筆時点で東アジア中心に猛威を振るっている新型コロナウイルスもこうなってほしいものだ。

私の中の極限環境

微生物学で言うところの極限環境は、突き詰めると自分たちが道具なしで生活できない環境だと思う。そして自分の中に、〝無酸素〟という極限環境がある。原始地球は、無酸素状態であり、ここで最初の生命が誕生した（だから無酸素状態を極限環境と呼ぶのは、祖先に対する畏敬の念が足りないので、この壺を買えという微生物学者はいないと思う）。やがて光合成を獲得する細菌が誕生し、酸素を使ってエネルギーを得る細菌が増えて、これが合体して真核生物になる（ここがぴんとこなかったら、本章の最初に戻る）。しかし、真核生物にはあえて（動物に寄生するとか、それぞれの事情で）無酸素状態に戻ったものもいる。菌類なら反芻動物の腸内にいるネオカリマティクスがその代表だ。だが、他の菌類も消化器には存在する。ネズミの消化器からは、ツボカビ・接合菌・担子菌・子嚢菌と一通りの菌類の存在が予想されていて、ネオカリもいる。ネズミは、ちっちゃいから腸内が嫌気にならないのかと思ったら、嫌気だった。そうじゃなけりゃ、モデル生物の筆頭にはならないだろう。ヒトの消化器の真核生物はもっと少なくて、子嚢菌酵母のカンジダ *Candia* とSARのS（ストラメノパイル）に入る（つまり狭い意味では菌類じゃない）ブラストシスチス *Blastocystis* が多いとされる。

水虫などが含まれるカンジダ属は、酵母における分類のごみ箱と呼ばれていたある意味面倒なグループで、酵母で胞子など作らないものや、特徴を探していってどこの属にも入らなかったら（無理やり？）この属に押し込めていた。だから今では、子嚢菌も担子菌も含んでいる。同じ状況は、桿菌《かんきん》（細長い形の細菌）ならば*Pseudomonas*属がこれに当たる。いずれも遺伝子解析によって、それら微生物の生物学的位置は、かなりすっきりしてきた。

ストレスなどによって体調を崩すと胃内のカンジダが悪さを起こすことがある。酩酊《めいてい》症だ。カンジダは、パン酵母同様、発酵性（嫌気条件で糖質を分解してアルコールをつくる能力）を持っている。つまり人が食べた炭水化物を胃の中で〝勝手に〟発酵させてアルコールを作り、酔わせるのだ。酒も飲まずに酔うのだから、酩酊症になった方は、酔っているとは思わず、眩暈《めまい》がすると訴えるそうだ。この話を聞くと、酒税も払わずに酔えるのは、結構なことだと考える不埒《ふらち》な奴は必ずいる（私もその一人だった）。過剰なストレスで体調を崩しそうになった時、今こそ酩酊症になるのではないかと思い、白米とグレープフルーツ（その頃は、生絞りグレープフルーツハイにハマっていた）を二週間ほど過食したが何も起こらなかった。正確には過食の結果、腹回りを中心に不都合に恰幅《かっぷく》がよくなり、後日健康指導を受けるはめになった。身から出た錆《さび》である。ちなみに錆《さび》病は、担子菌類による植物の病気で、人の病気ではない。

ブラストシスチスは、初め酵母とされていた嫌気性の原生生物で、これは液胞型あるいは顆粒型の虫体（この場合は、様々な形態の単細胞のこと）をもつ、酵母とは他人の空似だ。彼らは不定形のアメーバにもなり、下痢の原因とされることもあるが、何もないこともある。ミトコンドリアを持ち、好気的なエネルギー代謝経路を部分的に持っているところに、彼らの歴史がある。少し長いが、四〇代の方から検便で本原虫を発見した記録を、二〇〇四年の自治医大医学部紀要から引用する。「ブラストシスチス原虫がみつかるのは、関東一円では一九六二年以前の出生の人に限られるという。類推するに、かつて上水道の整っていなかった時代に本原虫は水を介して感染し、そのまま四〇余年にわたり継代・寄生を続けてきたのではないだろうか。ブラストシスチス原虫は宿主に対して病害を及ぼさず、自らも必要以上に増殖することもせずひっそりと暮らす。寄生動物として理想的な生き方をしているのかもしれない」とある。害のない研究対象への慈愛を感じる。客観的な記録の中からひょっこり顔をだす、研究者の主観が、私には今風に言えば〝エモい〟のだ。あれ？　身近な菌類を紹介するつもりが、いつの間にかマニアックなアメーバになっている。

ウチの菌はどんな菌？

身近な菌類に話を戻そう。国花はサクラで、国鳥はキジ。もう一つの国蝶《ちょう》はオオムラサキだ。そして日本を代表する菌、国菌は麹菌であることをご存じだろうか。これは、澱粉《でんぷん》分解能力の高い①オリゼーと、その名の通りの②ショウユ《醤油》コウジカビ *Aspergillus sojae*、泡盛製造に使用される③黒麹菌またはアワモリコウジカビ *Aspergillus luchuensis*：種名は琉球《りゅうきゅう》にちなむグループ名でもある。近代日本の伝統食品（和食で区切るなら、元は別の国だった琉球と北加伊道《ほっかいどう》は入らない気がする）で重要な酒・味噌《みそ》・醤油《しょうゆ》は、全て麹菌グループの働きによる。蒸米に麹菌を生やしたものは糀《こうじ》と書く。これは日本で作られた漢字で、それだけなじみが深いのだ。麹は、麦などの穀類や豆類に麹菌（実際にはテンペ菌など多様な菌類を含んでいる）が生えたものを表している。

だがこのコウジカビ *Aspergillus* 属は、世の東西で毀誉褒貶《きよほうへん》が著しい。日中韓の東アジアはもとより、東南アジアを含めてコウジカビと言えば、食卓に上る麹菌（①②③）

であり、その評価も高い。しかし、欧米でコウジカビと言えば、カビ毒をつくるモノとして忌み嫌われている。このため欧米では、伝統的にアオカビ *Penicillium* 属菌を使用している。カマンベールチーズの外側の白い膜はアオカビの菌糸だし、ブルーチーズの断面にはアオカビの胞子がのぞいている。また、サラミや生ハムの熟成にもアオカビは、用いられている。一方、日本でアオカビは、ミカン箱の底で皆を驚かせ、鏡餅やら切り餅やらをカビさせ、嫌われる（と書いたのだが、これっていかにも昭和の光景だな。個別包装されたお餅に慣れ親しんだ若い読者は、イマイチぴんと来ないかもしれない）。

欧米でコウジカビが嫌われているのは、七面鳥X病事件の主犯が *Aspergillus flavus*（以下フラバスと略）だからだ。一九六〇年、英国で輸入したピーナッツを与えた七面鳥が怪死し、その原因が、カビ毒だった。また、第二次世界大戦後の一九五一年、敗戦した日本がなけなしの外貨で購入した米のほとんどがカビて、検査した結果、肝臓・腎臓に障害を与える毒素が検出され、すったもんだの末、廃棄された。これは黄変米事件とよばれ、主犯は *Penicillium citreonigrum* などのアオカビだ。

話が複雑なのは、西のヒールなコウジカビ、フラバスと東の発酵の立役者オリゼーがとても似ているのだ。それもその筈《はず》で、オリゼーも毒素を作る遺伝子自体を持っている。ただ、その遺伝子は壊れているので、毒素を作れない。アジアでは、フラバスの中から無毒のものを見出《みいだ》した。これがオリゼーだろう。だから欧米の研究者は、オリゼーをフラバスの一部だと考えている（Index Fungorum や MycoBank といった国際的な菌類のデータベースでは、この説を採用している）。しかし、生物分類は、人が生物を認識するためにおこなうものだ。だから無害なものと有害なものそれぞれに名を付けて容易に見分けられることには、意味があると思う。

日本酒は七二〇年の『日本書紀』に、糀については『播磨国風土記《はりまのくに》』にその記録がある。しかし、日本にオリゼーがどのように住み着いたか、詳細はよく判っていない。コウジカビは、乾いた穀物からよく見つかる。こうして農業と共にコウジカビは、人の暮らしの中に入ってきたのだろう。また、茅葺《かやぶき》屋根の奥もコウジカビの好きな環境らしい。茅葺は縄文時代から使用されており、ここでオリゼーの子孫たちは、ご飯と巡り合ったかも知れない。

しかし、個人的には疑問がある。麴菌には、味噌・醬油に適した種がいる。東北や信州では、蒸した大豆を潰した後、球形や三角錐《すい》にまとめた味噌玉にして、軒先に干していた。ここで空気中の麴菌がつき、発酵と乾燥が進むとされる。これを砕いて、塩を加えて樽《たる》などで仕込むことで味噌となる。茅葺屋根は麴菌の住処《すみか》となり、時代が移り茅葺屋根が少なくなると、自家製味噌をつくる家も減っていったとされる。だが今でも長野には、味噌玉による個性的な味噌が製造されている（私は、特に木曾谷、小池糀店の製品のチーズっぽい味が好きだ）。

また、青森県の下北地域には、郷土料理の味噌貝焼き用に味噌玉による自家製味噌（本当の手前みそ！）を製造する方々がいる。長野県の味噌玉に発生する菌類を調べた研究では、発酵の初期にはケカビが発生し、やがてアオカビが優先する。糀などを加えていても、麴菌が優先することがない。乾燥具合が、麴菌よりもアオカビに合っているらしい。

恐らく以前の発酵食品では、天然の麴菌と思われていたものにも、かなりの割合でアオカビやケカビ（こちらは中国の発酵食品、腐乳に使用される）が働いていたと思われる。黄変米事件により自家製造する発酵からアオカビなどは排除されることが多いが、チーズやサラミなどの使用法（毒素を作らせない方法）を基に復活させて良いように、私は考えている。過去の記憶では癖が強いとされていた味噌玉も、チーズなど多様な味を受け入れるようになった日本では、展開も違うと思う。

新種はひっそりと隠れてはいない

一四万種を超える菌類が知られていることを、先に記した。正確な数が示されていないのはオリゼーの件で解るように、研究者によって見解が異なるからだ。例えば〝国〟について考えてみよう。日本やノルウェー、二〇二〇年現在最も若い独立国である南スーダンなどは広く各国から承認されている。だが、台湾やパレスチナのように一部の国が認めない国もある。クック諸島のように一部国の要件を満たしていないとされたり、西サハラのように国土の大半を占領されていたり（スコットランドやウェールズも外から見たらこんな感じか）、ソマリランドのように分離が広く認められていなかったり、（以下は、大きく状況が異なる。単純な比較はできないが生物分類では、まず認められない事例）シーランド公国のように、それって公海上の建築物だろっと突っ込まれたり、国民がほぼ家族のハット・リバー公国までを眺めて頂けるとイメージできると思う。

今の世に、もう新種などいないのか？と思うかも知れないが、この地球上にはまだ私たちが知らない生物が存在している。気候変動の影響で南極の棚氷が外れた下に見知らぬ海洋生物が発見されたり、ニューギニア島などで新たな哺乳類が見つかると新聞に載る。だが、微生物は未だに多数の新種が報告されているため、そう滅多に新聞記事にはならない。このため、細菌では新種提案を報告するための雑誌があり、あまりに数が多いので新種であるだけではなく、生態系での重要性や新たな生理機能などが無ければ提案できない程厳しい。

私たち菌学者にこの星にどの位の菌類がいるか神様のお告げがないので、総数は判らない。だが、これまでの知見を基に大雑把な推定がされている。一五〇〇万種程度はいるのではないかと考える研究者がいる。この総数は、世界中の植物の推定数当たりの菌類の数から計算されている。これが正しいとすれば、１／10程度しか見つかっていないことになる。

まだ見つかっていない新種は、どこにいるのだろうか？　あまり人の手がついていない場所に残り９／10がいるのだろうか？　いや、意外にも私たちのそばで新種の菌類は見つかっている。クリプト菌のところで紹介したように、彼らの多くは環境中の遺伝子としてその存在が、予想されている。そして運河や農業用水など身近な水際で生活していると予想されているが、まだ発見されていない。今の時代、遺伝子から新種の微生物の存在を予言することができる。また遺伝子を比較することで実は、人が感覚的にこれは少し違うなと思っていたものが明らかとなることがある。例えば、私が以前住んでいた札幌《さっぽろ》ならボリボリ（下北でも同じらしい）と呼ばれている食用きのこにナラタケ *Armillaria mellea* がある。ナラタケを集めて、その遺伝子を解析すると同属九種（いずれも食用）に分けられる。これは、隠蔽種と呼ばれている。これまで形態のよく似た（つまり少し異なるところがある）きのこたちは、日当たりや降水などの生息環境の違い（環境の差によってきのこの形が変わることもある。これは、エコタイプ、環境型と呼ばれる）や、地域差（隣とこちらの山で、きのこの傘の色が微妙に異なるなど）と考えられていたし、実際にそのような例もあるだろう。一方、遺伝子配列に明らかな違いがある場合、その違いが生じるだけの時間が経過したことを意味している。このような隠蔽種は菌類、特にきのこで多く見つかっている。

ナラタケとその仲間たちの場合、一族なのだから似ているのは、仕方がない。きのこでは、さらに完全な他人の空似がある。特に地下生菌と呼ばれる地面の下にきのこをつくるもので著しい。え！地面の下にきのこ？と驚かれるかも知れないが、世界三大珍味のトリュフ（*Tuber* spp：spp. は species の略で、複数の種を示している）は子嚢菌であり、あの黒だったり白だったりする丸っこいの（色の違いは、種の違いだ）は、子実体、きのこなのだ。日本にもトリュフがあるが、古くから知られているのは、食用とされる海岸沿いの松林の地中に浅く埋まっている〝松露《しょうろ》〟*Rhizopogon roseolus* だろう。

トリュフの和名は、セイヨウショウロだが、ぱっと見で似ているショウロ（学術的に和名を記す際、カタカナ書きすることが多い）は担子菌で、分類的には随分と離れたところにいる。私が子供の頃に熱中した『ナルニア国物語』の中で一押しのキャラは、心のまっすぐなアナグマの〝松露とり〟だ。原文に彼の名は〝Trufflehunter〟とある。トリュフが今ほど有名でなかった頃、イメージできるのは松露だったのだろう。海岸の開発が進んだ現在、松露採りのできる場所は、限られている。

地下生菌は、担子菌でも子嚢菌でもいびつな団子形だ。また、ケカビ門（アツギケカビ目やグロムス亜門）にも同じような形態のものがいる。彼らは多くは匂いが強い、この匂いで動物を呼び、彼らに子実体を食べさせることで胞子を分散させている。彼らの見た目は、よく似ている。だが彼らの遺伝子を分析すると、様々な属がいる。つまり、様々なきのこが、幾度も同じ戦略を採用しているようだ。

きのこは、基本的には傘と柄からなる。この特徴を観察することでその生物学的特徴を知る。一方、植物は根・茎・葉と花に分かれており、その分観察すべき特徴も多い。動物はもっと形態的特徴がある（老眼では見るのも難しいショウジョウバエでも、ルーペで観察すれば驚くほどの特徴がある）のに対して、きのこなど菌類の形の特徴は少ないのだ。だが、細菌よりは多い。細菌ならば形は、球形か楕円《だえん》あるいは円筒形で、鞭毛がない、一本あるいはごっそりある位しか形態的特徴がない。だから微生物学者は、形態観察に加えて、生理的性質（どんな餌が好きかなど）や、化学的な成分の分析（細胞壁を構成する糖類の組成や脂質など）に始まり、遺伝子を分析することで多様な細菌の世界を明らかにしてきた。

菌類でも形態的特徴の少ない酵母は、早くから細菌同様、化学分析や遺伝子解析が進められてきた。この流れは、きのこなど大型菌類にも影響し、隠蔽種を明らかにする力となってきた。きのこは、植物や昆虫同様、多くのアマチュア研究者の研究対象になっている。

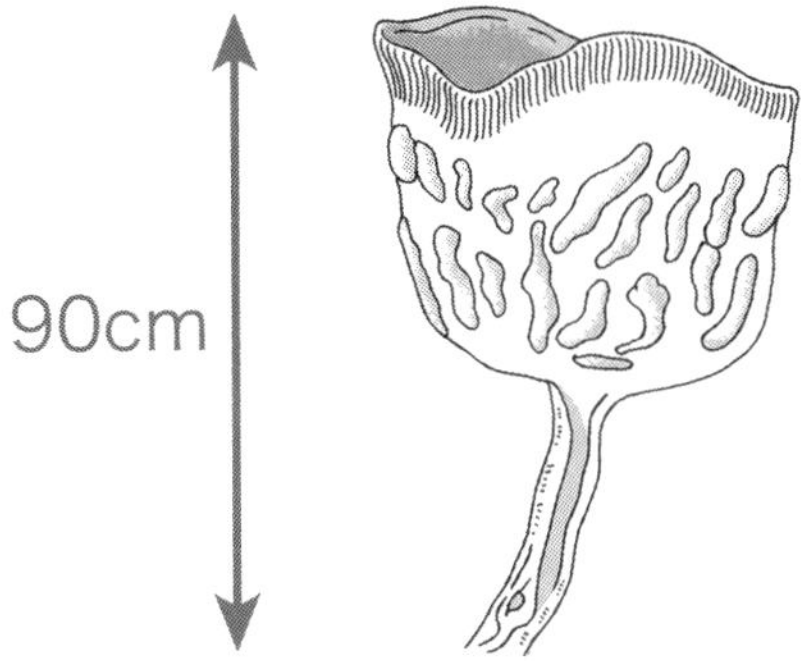

PEZIZA CACABUS
世界一大きな子嚢菌

遺伝子解析などはプロの研究者にしかできないと考えられるかもしれない。でも最近は、DIY（Do-it-yourself）バイオと呼ばれる日曜大工の遺伝子工学版が、わずかだが日本でも普及してきている。アマチュア研究者のグループがPCRを調達して遺伝子解析をおこなう例も出てきている。

第二章「菌」として生きる

え！　親戚だったの？

前章で軽く紹介したように遺伝子から見ると、私たち動物に一番近い生物は、にわかには信じられないが菌類である。遺伝子鑑定は、隠し子問題や名家の遺産相続騒動で、その威力を発揮させてきた。その結果を信じるならば、菌とヒトで双方に何か共通の特徴があるのだろう。生物分野での〝分類〟とは、人が様々な生物を最も自然な形で類型化する、パターン認識だと考えることができる（ちなみに三行目の〝ヒト〟は、生物学的種としての意味を、四行目の〝人〟は文化的な側面を含み人間自体を示している）。先のオリゼーVSフラバス論争のように、人が生物をどう認識するかが重要なのだ。

一方、〝系統〟とは、生物進化のパラメーター（遺伝子がどれだけ違っているか）を推定する行為だとみなすことができる。識別可能ならば記号でも良いので、系統だけならば名づけは必要ない（だから細菌学では、人が意味があると考える系統のみ名が付けられる）。少なくとも現在の〝菌学〟（微生物学の一分野で、菌類を対象とする研究分野のこと。より多くの人の関心が高い、一個何円という〝金額〟の誤変換ではない）では、形態的特徴によるパターン認識に加えて、客観性の高い遺伝子解析による援護を受けるのが一般的だ。

様々な栽培植物に適応し、病原性を進化させてきた植物病原菌、例えば子嚢菌《しのうきん》のフザリウム *Fusarium* 属菌では、遺伝子鑑定で多様な種の存在が明らかになっている。有性世代を失ったと考えられるこのグループの一部の菌は、ただでさえ少ない形態の差異がさらに少なくなるから分類は難しい。しかし、どんな病害が発生しているのか知ることは、農業の現場では重要である。遺伝子番号や記号から、その病害のリスクをすぐ判断できる方は、今でもまだ少ないだろう（日本のプロの農家さんたちの勉強ぶりを考えると、今後は系統でピンとくる方も輩出されるかも知れないが、全てになるには時間がかかる）。このため植物病理学者は、少ない形態的特徴から種の特徴を認定し、名づけの努力を重ねている。

また、今では数がうんと減ったが、形態一本、真っ向勝負で菌を分類する分野もある。これらは主に培養できない（人が菌の増殖する条件をまだ知らない）菌で、おまけに個体サイズの小さな場合だ。例えば昆虫の腸内菌類。これ細菌の間違いじゃないです。虫は小さいからか、明らかに好気的な微生物が、その腸内に存在している。

この中にトリモチカビ門ハルペラ目Harpellalesの菌類は、主に水生昆虫の幼虫の腸内で生活している。昆虫は成長の過程で脱皮する。脱皮の際は、腸内も文字通り一皮むける（突き詰めて考えると腸内は、やはり体外の外部環境であることが判《わか》る好例だと思う）ので、よくこんな一定の頻度でリセットされる環境に住んでいるものだと思うが、住めば都なのだろう。一定の時間が経《た》てば追い出されることを除けば、自ら探さずとも、細かく砕かれた餌が流れてくるのは、ありがたいかも知れない。

この菌は、他の接合菌同様なかなかの美人さん（形態的特徴が比較的多く、なおかつ顕微鏡を覗《のぞ》きながら観察すると、あちらこちらと目移りするほど美しい構造をもっている）なので、その美しさは後で紹介するとして、小さな幼虫の腸内にぽつぽつとつくるコロニー（群落）を切り離して、遺伝子解析するのは至難の業だと思う。ただ、今日の技術でできないことはないし、彼らのその生き方を遺伝子という設計図から解読するのは魅力がある。

こんな虫の腹の中の菌の何が面白いのか(スゴい!この短い一文に〝の〟が五つもある)と考えるかも知れない。いや、科学は役に立つだけではなく……とかわさなくとも、ハルペラたちには図抜けてスゴいところがある。彼らは水中で、正体不明の何かを分泌して基質(この場合には宿主昆虫の腸管のキチン質)に接着するのだ。その何かを突き止めれば、水中でも使用可能な接着剤が作れるかも知れない。同じような試みは、ムラサキイガイやフジツボでもおこなわれている。生き物の不思議な生き方には、視点を変えれば私たちの暮らしに役立つ何かが隠れているとも考えられる。これらはバイオミミックとよばれている。ミミックは、英語のmimicry〝擬態〟の省略形で、落書きした黄色のぼろきれをかぶり、闇落ちしたポリゴンの異名と共通の語源だ。

つい、ハルペラはマイナーだと思い、無用に熱く綴《つづ》ってしまった。遺伝子による系統解析は、菌界の拡張に一役買っている。アフェリダ、ロゼラ、微胞子虫が、動物から移籍したことは既に述べた。さらに菌類の姉妹群(系統樹を書いたときに最も近いお隣さんのこと）となるヌクレアリア（Nuclearia）など太陽虫（多数の針状仮足をもつ球状アメーバ）にまで拡張し、ホロマイコータ（Holomycota）と称する分類群もある。これは、全菌類の意味で大きく張ったものだと思う。ヒトを含む動物などはもう一方のホロゾア（Holozoa：こちらも全動物の意味）となる。

この二つの分類群を合わせたスーパーグループ、オピストコンタには、共通の見た目の特徴があるのだろうか？　はい、あります。オピストコンタを和訳すると後方鞭毛《べんもう》生物。つまり、細胞の後方に鞭毛をもっている生物つながりである。より細かく説明すると、その鞭毛は、大体一本である（やはり例外はある。ネオカリマティクス亜門の菌では一六本位、後方にうじゃうじゃ生やしたヤツがいる）。終わり。えっ！　それだけ？って、それだけである。かたやカビや酵母やきのこやアメーバみたいなのまでたくさん、もう一方は、海から陸までの動物全部とこの他アメーバやらたくさん（こう書くとアメーバ状の生き物の多様性が判るし、ここ以外にもいるのだ）を一まとめにできる特徴は、これだけなのだ。

おまけに菌側から眺めて見ると、微胞子虫（は、恐らく寄生菌へと進化する過程で）

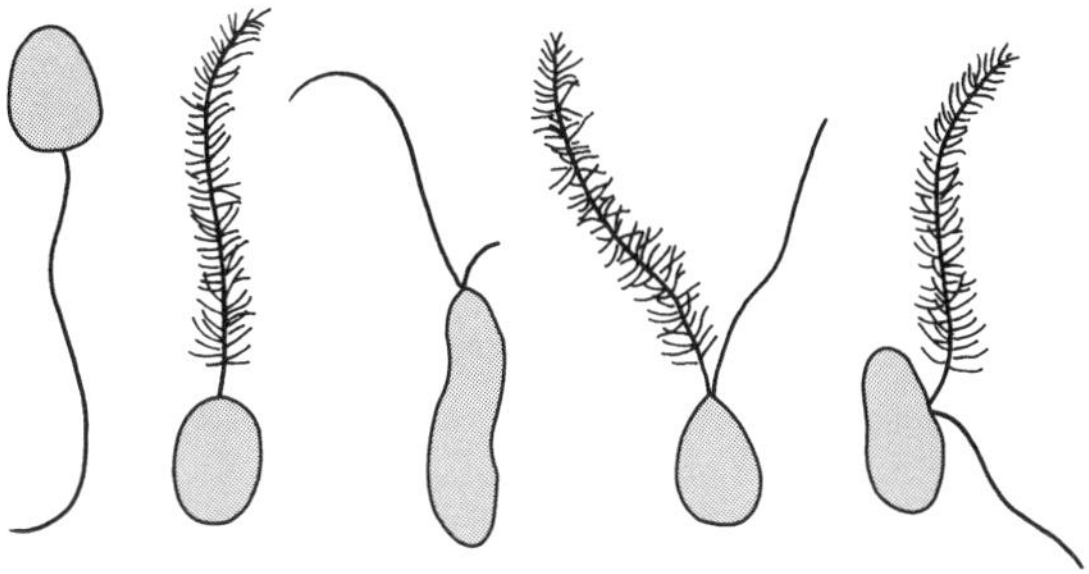
①尾型鞭毛が体後端にある（ツボカビ類）
②羽型鞭毛が体前端にある（サカゲツボカビ類）
③長短2本の尾型鞭毛が体前端にある（変形菌類）
④
⑤
羽型鞭毛と尾型鞭毛が体側か体前端にある（卵菌類とラビリンチュラ類）

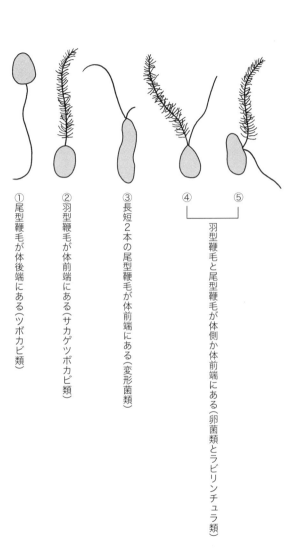

も接合菌類（も、祖先が上陸し、じゃばじゃば水気のかかる環境以外で生活するようになって）からその先の菌類はみな、オピストコンタのよりどころになる鞭毛をもはや失っているのだ。ツボカビのような菌がいなかったら、遺伝子診断の結果だけで、「この菌は、あなたの遠い親戚ですよ」と言われても、「うへっ」と声帯を振動させる以外、誰も信じなかったと思う。ツボカビのようなちょっと前には地味だと思われていた菌類（今は七つの海でブイブイ鳴らしている）を地道に調べる菌学者の努力があって、初めて成立する学説だと思う。

細胞の後方に鞭毛を一本持っている位なら、他の生物にもいるのではないか？と思われるかも知れない。少なくとも今のところは見つかっていないのだ。広義の菌類を含む遊走子を見てみると、サカゲツボカビ（二二ページのSARのS）の鞭毛は一本だが、ふさふさとけば立っていて、これをボートのオールのように使って泳ぐ。つまり鞭毛は、細胞の前方についている。変形菌（アメーボゾア）、卵菌類（SARのS）とネコブカビ（SARのR）の鞭毛は二本で、細胞の横とか前とかに生えている。やっぱり、違うのだ。ただやはり微生物は小さいので、私たちから見るとまだまだ未知の世界がある。

森の土に記録のある真核微生物の遺伝子を調べると、どのスーパーグループにも所属しないなんてことが今でも見つかるのだ。

細胞の中にたくさんの核がある！

皆さんが生物と言って思い浮かべるのは、普通、動物か植物だろう。事情で急遽《きゅうきょ》家を空けることになれば、家族やペット、庭木や鉢植えの草花の心配をしても、菌に気配りする人は少ないだろう（きのこ農家か、プロアマを問わず菌類愛好家ぐらいだと思う）。せいぜい冷蔵庫の発酵食品の賞味期限が気になる位だと思う（いや、ぬか床は、一部に強い愛着が報告されているし、主な微生物相は、細菌の乳酸菌だが、酵母もいるか）。

動物と植物が、異なるスーパーグループに属し、進化的にはかなり違う生き物であることは、既に判って頂けたと思う。だが双方ともに細胞レベルで共通の性質がある。細胞一つに一つの核がある。理科や生物の教科書には、動物と植物の細胞が併記されていることが多い。これを見て、ミトコンドリアや葉緑体はうじゃうじゃあるけれど、核は細胞当たり一個なんだと思ってしまう……が、違うのだ！　生き物を広く見渡すと、一細胞の中に何個も核をもっている多核体は、結構いるのだ。でも、動植物だってショウジョウバエの初期発生や、植物の胚嚢《はいのう》（この字で〝背嚢〟をイメージするあなたは、ずばりミリタリー系です）にある中央細胞は多核だろうって、受験や定期試験の息抜き（と称してつい違うことをしてしまう人に、自分と同じ種類のボガンを感じる）がてらの突っ込みが入りそうだが、そんな指摘は、先生うれしいです。是非そのまま、知識と経験を広げて、菌学の発展に貢献して頂きたい。文字情報は、音声に比べて誤解が少ないのが良い。本章ではこれ以降、多核、多核と連発するのだが、以前新潟薬大の高久《たかく》洋《ひろ》暁《あき》先生に講義に呼ばれたことがあり、そこで菌類の多核体について力説していたのだが、だんだん高久先生を呼び捨てにして、連呼するような複雑な心境になったことがある。こんな時、事前にフリップを準備していたらと思ったものだ。

先にネタバレしてしまったが、菌類は代表的な多核体の生物である。とその前に、多核体と言えば、単細胞生物の雄、変形菌の変形体を紹介したい。変形菌はアメーボゾア、つまりオピストコンタに最も近いスーパーグループに属する広義の菌類だ。その細胞形態は、その生活環の中で実に多様で、胞子から発芽した細胞は、鞭毛を二本もった細胞

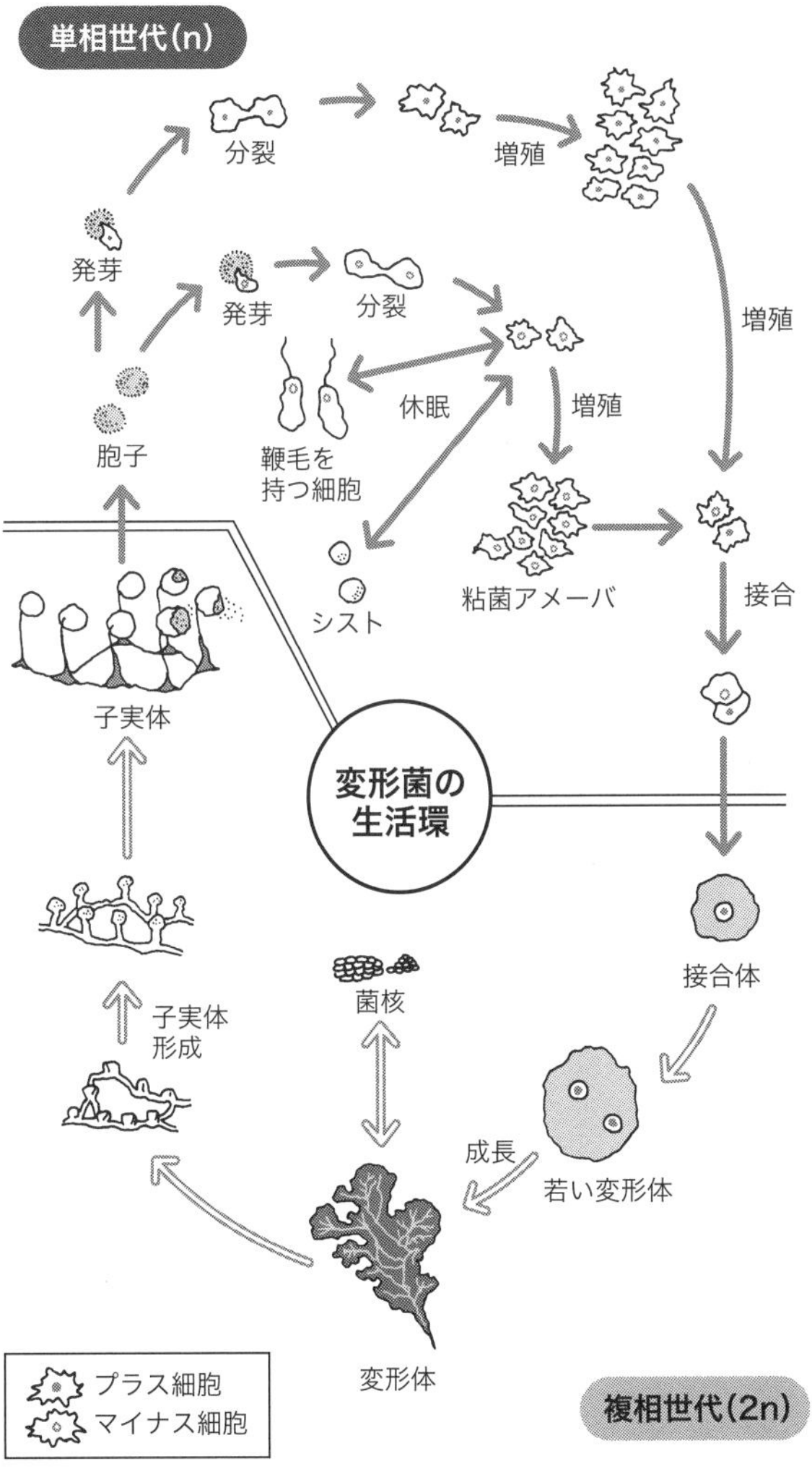
単相世代(n)
分裂
増殖
発芽
発芽
分裂
増殖
休眠
増殖
胞子
鞭毛を
持つ細胞
シスト
粘菌アメーバ
接合
子実体
変形菌の
生活環
接合体
菌核
子実体
形成
成長
若い変形体
変形体
プラス細胞
マイナス細胞
複相世代(2n)

壁のないアメーバで一細胞の核は一個だ。この時の核相は、単相のｎ。動物だと卵子か精子に相当する。このアメーバは雌雄があり、互いに接合して、複相の２ｎとなる。この細胞のスゴいところは、細胞は分裂せずに核分裂を繰り返す（このへんちょっとショウジョウバエの初期発生に近いか？）。

やがて巨大な単細胞となり、その核は数億以上！に達するという。現生最大の単細胞は、ダチョウの卵で、その重量は一・五kg程だそうだ。試したことはないが、その気になれば、変形体はこれを超えることができるのではないかと思う。

変形体の成分を研究するには、変形体を大量に準備する必要がある。一二〇ℓの円筒型のゴミ箱（よくドラマで犯人とか刑事がけり倒したり、これに引っかかって転んだりするヤツ）の底に変形体と餌となるオートミールを入れ、これに十分な水分を与えると、成長した変形体がゴミ箱の壁を登ってくるようになる。

二日に一回の水と食事で変形体は、一畳程度の大きさに広がり、実験に十分な量の変形体が得られる。これをもっと大きな容器、例えば廃校になった学校のプールとかに筵《むしろ》をかぶせてあげれば（変形体が成長する場所を確保するため、ハニカム状の構造物を入れて表面積を稼ぐとなお良い）、ダチョウの卵を超える面積・重量共に世界最大の単細胞の称号を変形菌に与えられるのではないか。学祭の余興とかでやってみたいが、管理は大変だろう。

ロゼラの仲間のように変形体に寄生する菌もいる。寄生したらしたで、変形菌の寄生菌には不明なことが多いので新たな知見が増えて、結果としてなお結構かも知れない。

変形体は、温度や湿度、光による刺激を受けて、柄と無数の胞子を含む子嚢（構造は子嚢菌とは異なる）からなる子実体を形成する。変形菌は、この子実体を形成するので広義の菌類なのだ。

ツボカビ類の一部は、既に〝カビ〟の名の通り、菌糸をもっている。ただこの菌糸＝栄養細胞（栄養を得て成長する細胞、菌系体の本体）は、胞子嚢など役割の異なる器官をつくらない限り、隔壁（仕切り）がなく、一本あるいは枝分れしたチューブ状の構造をとる。そして菌糸体は、単相nの多核体が多い。

極端な言い方をすれば、動物の精子や卵子がそれだけで増えているような不思議な感じがする。コウマクノウキンやサヤミドロモドキ（ツボカビ門におかれるが、その分類学的な位置は不明とされている）の菌糸は、多核の複相2nとなる。ああ！　進化の過程で私たち動物と分化した菌類も、進化すると複相なのかと思いきや、これはかなり例外的だ。菌糸に隔壁をつくり始めるケカビ門の菌糸体は、単相の多核体であり、子嚢菌類は、主として単相（酵母には複相での生活もある）で活動している。子嚢菌の菌糸は、一細胞に核が一つだが、菌糸の隔壁には、一つの孔《あな》（隔壁孔）があり、ミトコンドリアや他の細胞小器官はもとより核さえもここを通るので、実質は多核体とみなすことができる。一方、担子菌の菌糸体はもう少し凝っていて、一細胞に単相の遺伝的に異なる核が一個ずつ、合計二個の核（これは二核相あるいは重相、n＋nと表現される）を含んでいる。

菌類は、菌糸に隔壁を得て、より大きな多細胞生物に進化した。また、その際に、一細胞当たりの核の数を減らしているようにみえる。これは、細胞中の単相の核同士が融合して、意図せず複相になることを防ぐ効果があると考えられている。ただし現在、種数的には菌類として大いに繁栄している子嚢菌・担子菌をみても、単相の多核体を放棄していない。コウマクノウキンのような複相の多核体も試してみたが、単相の多核体に

コウマクノウキンの生活環

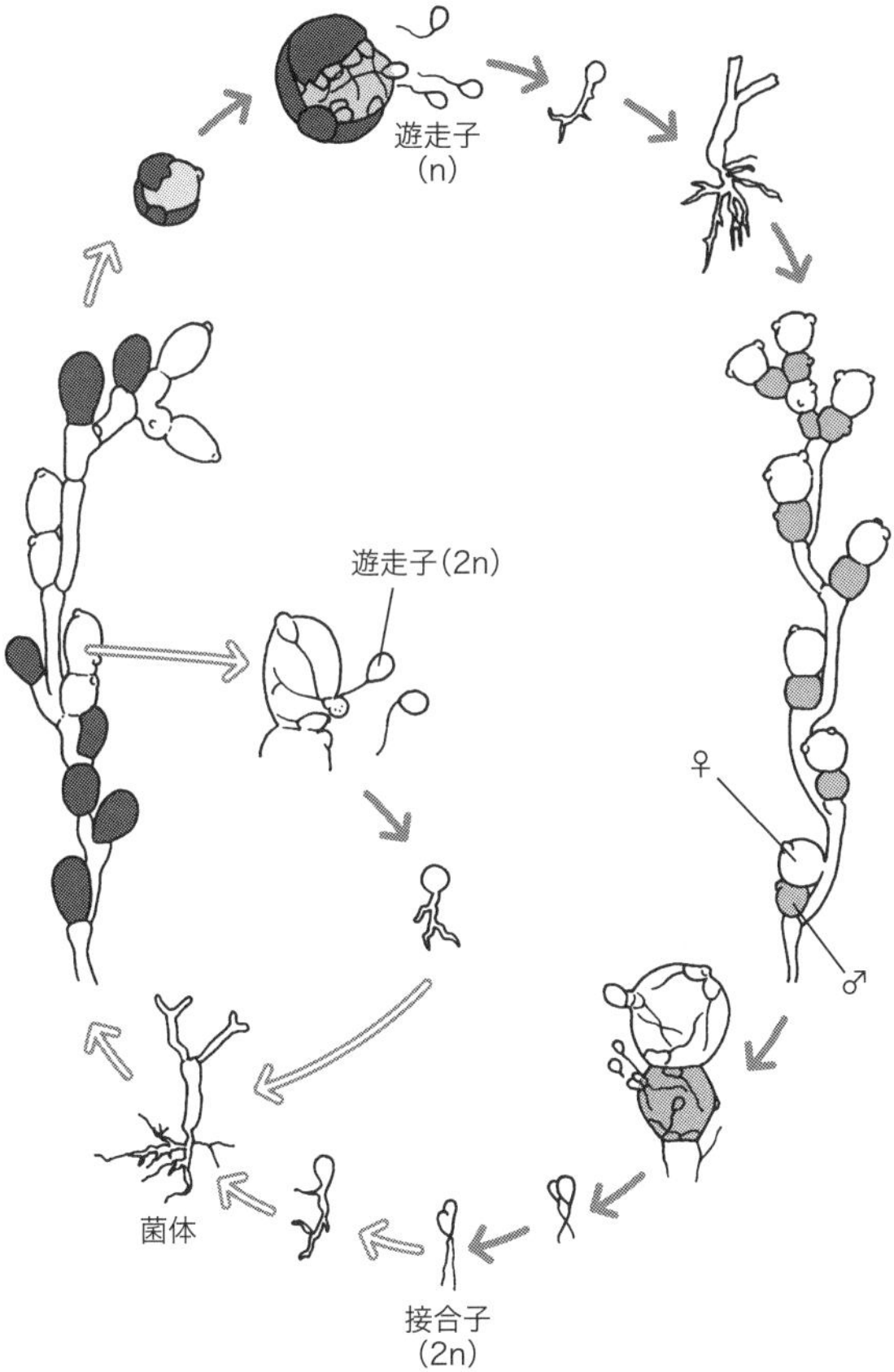

は、動植物の細胞がもつ、複相の核一個にはないお得感があるのかも知れない。今、人がもつ知識で一つ説明できることがある。菌類には、疑似有性生殖（準有性生殖）という変わった生き方がある。ここで生活環（生物の成長・生殖過程の周期）を通じて、菌類の生き方を紹介しよう。

菌類の生き方① 自分のコピーが増える（無性生殖）

菌類は、カビ・酵母・きのこをまとめたものだ。麹菌《こうじ》を除けば大体は物を腐らすと嫌われているカビも、パンや酒など発酵と関りが深い酵母も、旨いが時に恐ろしく、毒にあたって死に至ることもある。不思議なきのこも菌類の生き方の断片に過ぎない。カビのような菌糸が集まって、きのこになる。きのこやカビの胞子が、時として酵母として生きている。このようにカビ・酵母・きのこは、ある菌類の生きざまの一部を見ているのだ。では、どうしたらその菌類の全体像を知ることができるだろうか？　私は、生活環を知ることに始まると考える。

菌類には、三通りの子孫繁栄のスキルがある。一つが自らのクローンを増やす無性生殖。次に複相の核が減数分裂により、自らの遺伝子をシャッフルする有性生殖。最後に後述する疑似有性生殖だ。無性生殖は、植物ならば挿し木、球根や芋などの栄養繁殖が相当する。また、動物ならば昆虫やサメ・爬虫類《はちゅうるい》・鳥類の単為生殖がこれに近い（相当すると思っていたが、詳しく調べると、有性生殖の変形だった。勉強になる）。哺乳類は、単為生殖できない（ゲノムインプリンティング機構をもつためだ）が、クローン技術は、人工的な無性生殖だとみなすことができる。

酵母は単細胞なので核相に限らず、成長すること自体が子孫を増やすことになる。ちなみにパン酵母は、出芽酵母とも呼ばれる。細胞分裂する際、親細胞の先端が膨らみ、ここから娘細胞を生じるからだ。でもこれは、娘じゃなくて、若返った自分なのだ。顕微鏡で出芽する酵母に微笑ましいものを感じていたが、自らのコピーを生みだすとは、竜族のナメック星人と同じではないか！　意外に無双系なのかも知れない。

一方、菌糸体は、菌糸の塊だ。簡単にちぎれ、ちぎれていても死なず、ただ分かれそれぞれに成長するのは、ご存じの通りだ（ちぎれた際、菌類に痛覚があるかどうかは、さだかではない）。体を切り裂かれても、死ぬことのない不死の存在だ（こんなキャラ設定、フィクションで探せばごろごろ出てきそうだが、ノンフィクションでもあるのだ)。ちゃんと調べれば動物にもいる。切っても切っても再生する扁形《へんけい》動物のプラナリアは、結構近いと思う。

しかし、隔壁のないツボカビ類や卵菌、隔壁を多く持つ訳じゃない接合菌類の菌糸体たちは、細かく切り刻まれるのは苦手だろう。卵菌の胞子だけを集める際は、菌糸体ごと実験用ミキサーにかけて、ろ過する。篩《ふるい》の上には細胞壁の厚い胞子だけが残って、菌糸体はズタズタになって死んでしまう。同じ操作を菌糸に隔壁をもつ子嚢菌や担子菌の菌糸体をもちいておこなうと、(一部の菌糸は死ぬのだろうが、大半が)生きた菌糸の懸濁《けんだく》液ができる。植物病理の実験では、なるべく均一に病気が起きて欲しいので、これを植物に噴霧する。

より積極的な無性生殖に、胞子で増える方法がある。食べ残したテンペを培地の上に置いて(日常生活でこんな設定どこにあるのかと思うが、菌学の聖地の一つ、長野県菅《すが》平《だいら》高原では必ずおこなわれていると確信している)、二日おくと驚くほどモフモフの菌糸が生えている。さらに時間が経つと、モフモフの中に小さな無数の黒い点が見える。

これはテンペ菌の胞子嚢であり、この中にさらに無数の胞子が詰まっている。この大量の胞子一個一個が（突然変異が無ければ）、最初のテンペ菌のコピーなのだ。コウジカビもアオカビも私たちが普段目にする粉っぽい渋い緑（抹茶をこぼしたのでなければコウジカビとか）や鮮やかな緑（アオカビっぽい）ものは、これと同じものだ。対応は冷静に。驚き、大きく息を吸えば、胞子ごと吸ってしまうかも知れないし、条件反射的に雑巾《ぞうきん》で拭いてしまったら、彼らの分布拡大に一役買ってしまっているだけだ。普段から私は、研究以外でカビたものをそこらへんに放置して見て見ぬふりをしていると、家族に非難されているが、それは間違いである。いかに対応するか熟考を重ねており、口下手な性格が災いしているだけだ。

子嚢菌類の無性生殖では、胞子（分生子）を保護するための構造として分生子殻や分生子盤・分生子束など、凝った構造を形成することもある。分生子殻は、有性生殖の際に形成される子嚢殻や偽子嚢殻（これらは菌類の美しさを讃える章で解説したい）にそっくりで、ただ子嚢がないだけだ。遺伝子発現などに共通性があるのだろうか？　分生子盤は、皿形・浅い盃《さかずき》状の偽柔組織（植物の柔組織に似ているからなのだそうだが、この名称はあんまりだよね）を植物体内に形成し、分生子柄（胞子をつける細胞を支える構造）が層状の構造を形成する。分生子柄は、菌類好きには英語名称のシンネマsynnemaの方が一般的かも知れない。これは分生子柄がよく分化し、密な束を形成するものだ。ここまでくると裸眼で見えるので、注意深い人や地面やら草木などをガン見する人は目にしているかも知れない。

菌類の生き方② 自分と少し違う個体を増やす（有性生殖）

有性生殖は、真核生物の偉大な発明の一つだ。これは、単相ならば核融合（え！と思うけれど、これ生物学でも使います）して複相となることで遺伝子がシャッフルされた後、減数分裂により単相に戻る複雑な過程がある。

無性生殖は、自分を完コピして増やす術だから、より簡単だし、安上がりだ。しかし、クローンしかいないと、生活環境の変化や他の生物との競争の変化についていけず、全てがおじゃんになる可能性がある。これを防ぐために、同じ遺伝子でも働きの異なるものを多種類準備して、遺伝子とその他の遺伝子との組合せを換えることで様々な変化に

分生子果の概念図

A.分生子盤

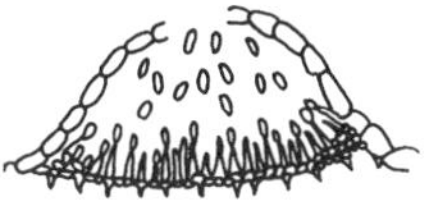

B.分生子殻

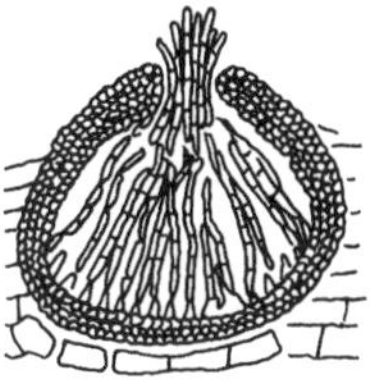

C.分生子座

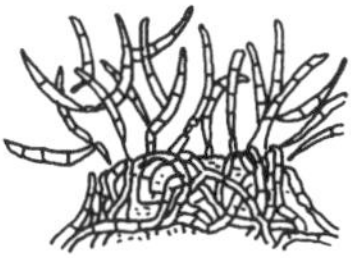

D.分生子束

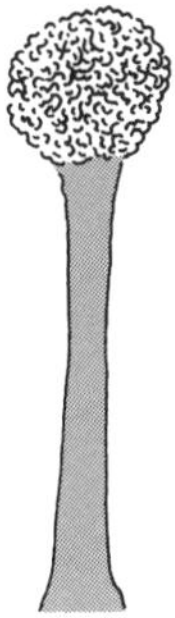

も備える戦略だ。

そのため真核生物は、〝群〟（個体群：言うなれば多種類の遺伝子のストック）の存在が重要なのだ。群れが大きければ、その遺伝子の種類が多いだろうし、小さければ少ないだろう。人の世界では今日《こんにち》、様々なレベルでの多様性の重要性が叫ばれているが、そもそも真核生物になった時点で（有性生殖の開始時期は不明なので、真核生物⋒有性生殖となるか判らないが）もはや重要なのだ。

遺伝子解析以前は有性生殖の型により、ツボカビ類・接合菌類・担子菌類・子嚢菌類と、有性生殖がみつかっていない不完全菌類に大別することは、第一章に述べた。そして今でも、菌類それぞれの無性・有性器官の発見とその記載は、菌学者の花形場面の一つだと思う。

そして〝きのこ〟とは、接合菌類・担子菌類・子嚢菌類がつくる大型の子実体のことであり、一部は食用として広く利用されている。あえて言えば、きのこは菌類の花形なのだ（主に変形菌方面から、激しい異論がくると思うが、まあ一般的にはそうでしょう）。私の研究対象である担子菌ガマノホタケもきのこらしい形態のハラタケ目の末席

ツボカビの生活環

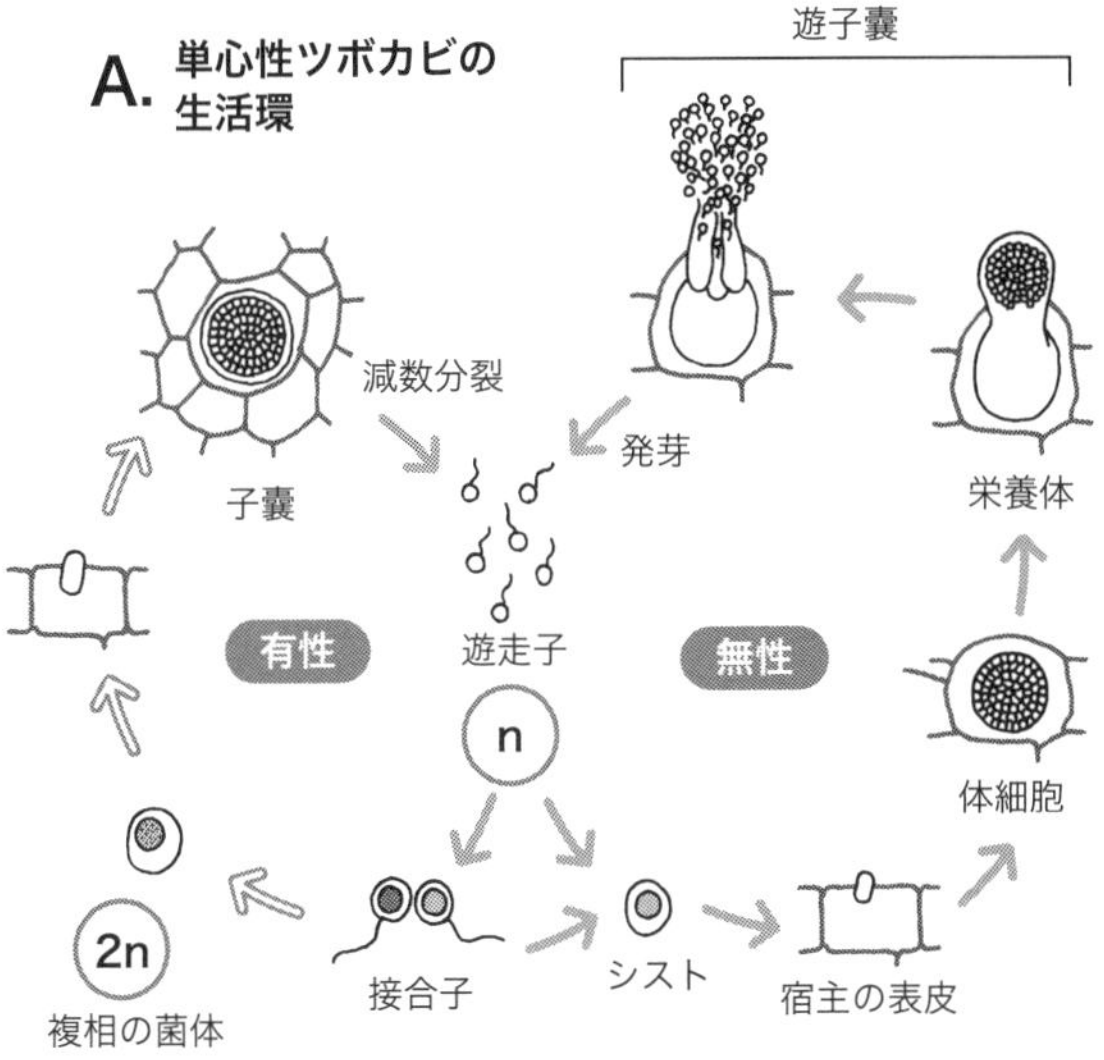
A. 単心性ツボカビの
生活環
遊子嚢
減数分裂
発芽
子嚢
栄養体
有性
遊走子
無性
n
体細胞
2n
接合子
シスト
宿主の表皮
複相の菌体

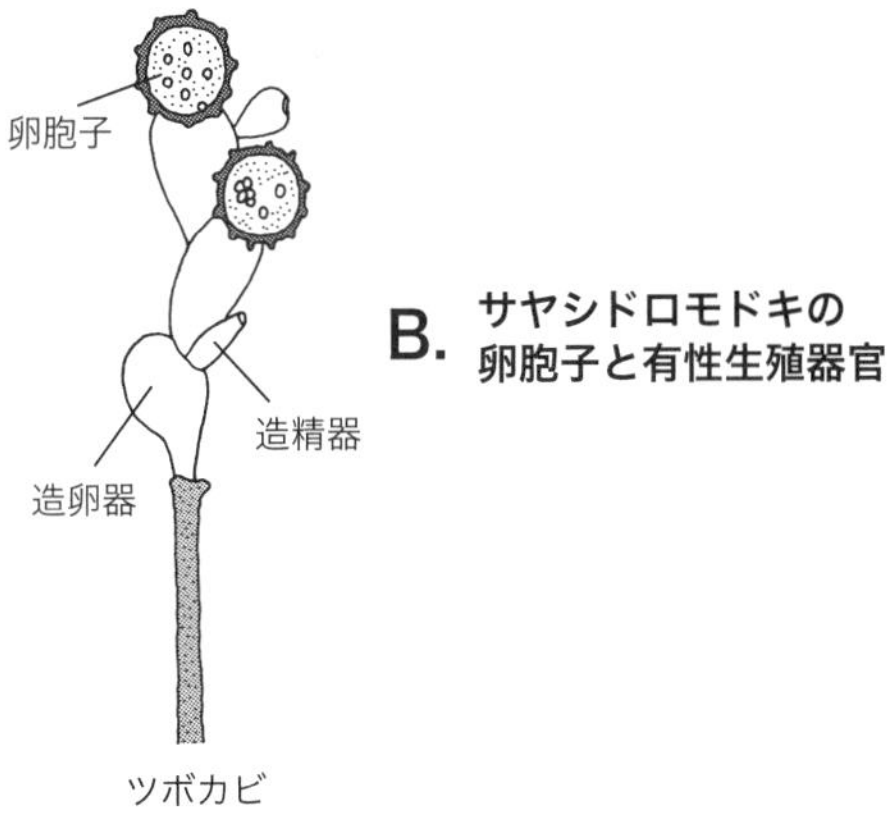
卵胞子
B. サヤシドロモドキの
卵胞子と有性生殖器官
造精器
造卵器
ツボカビ

を（もちろん謙遜だが）占めている。だが、（遺伝子解析を反映し、ハラタケ目が拡張された結果）ガマノホタケは小さく傘がないので、こんなの子嚢菌だろ、それもシンネマじゃねぇかと（口汚く罵られて）よく誤解されているが、れっきとした担子菌だ。菌核と呼ばれる耐久器官から、晩秋に棍棒《こんぼう》状の子実体を形成する。野外調査をしていると私の見た目と相まって、なにか不審に思われるところがあるのか、周りからよくなにしているのか聞かれることがある。その際、「きのこを探しています」と言うと、まず間違いなく「それは食べられますか？」とくる。「いいえ、食べられませんよ」と答えると、「じゃあなんで、そんな（くだらない……普通の大人は配慮があるので、こう思っても まず口に出さないが、幼児と大きなお友達は思ったことを躊躇《ちゅうちょ》なく口走るので、私の心が危険にさらされることがある）きのこを集めているのか」とくる。ある時、「カビを探している」と言うと、「ふーん」で終わった。以降、調査で私は、この構文を多用している。この位、人は皆、きのこに興味があるのだ。

ツボカビ類の壺《つぼ》状の遊走子嚢も、その中の遊走子も、菌糸も単相の核をもっている。遊走子は単独で菌糸体に成長して遊走子嚢をつくる無性生殖があり、一方、遊走子のペ

接合菌類の生活環

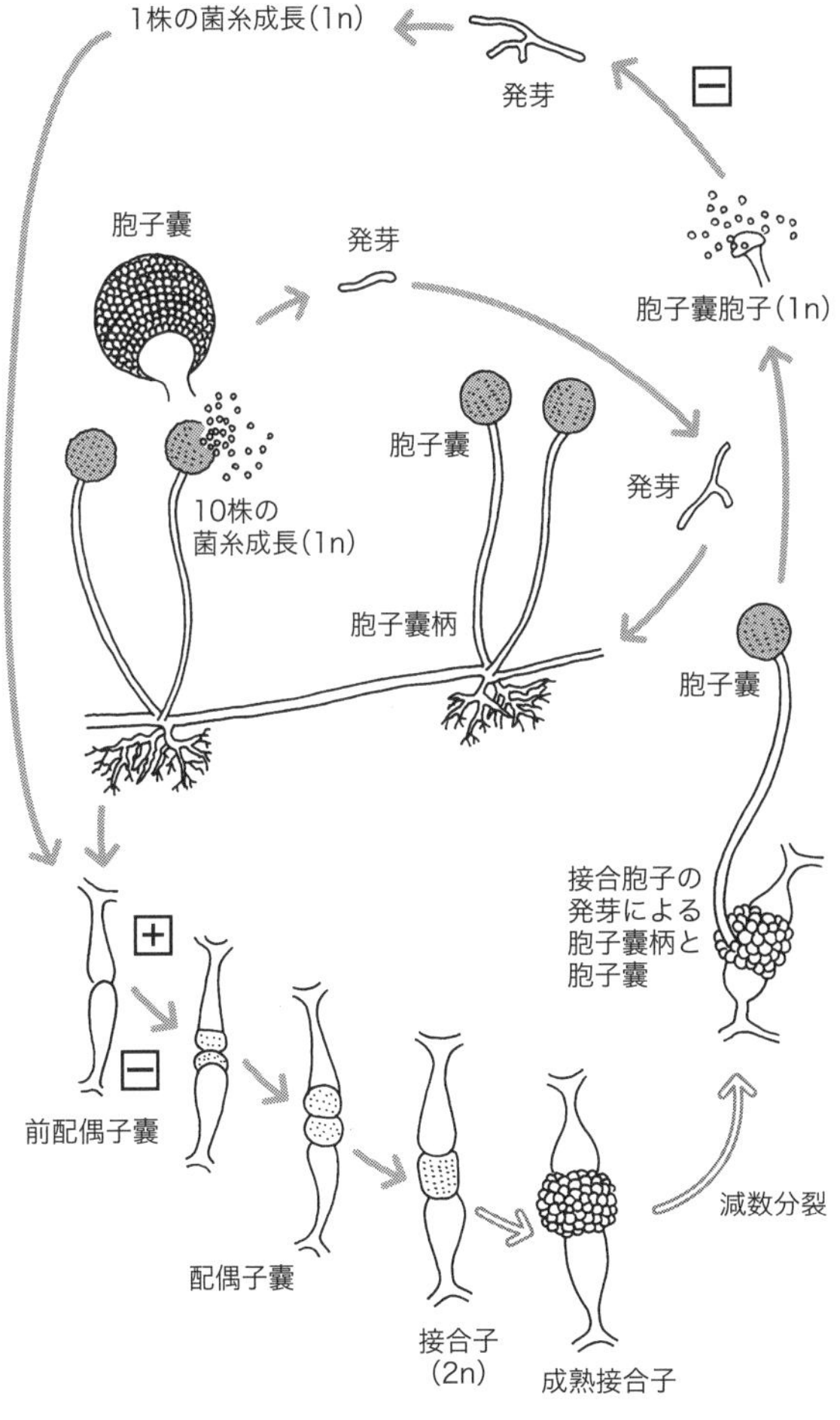
1株の菌糸成長（1n）
発芽
胞子嚢
発芽
胞子嚢胞子（1n）
10株の
菌糸成長（1n）
胞子嚢
発芽
胞子嚢柄
胞子嚢
接合胞子の
発芽による
胞子嚢柄と
胞子嚢
前配偶子嚢
配偶子嚢
減数分裂
接合子
(2n)
成熟接合子

アが融合して複相の菌体となり、複相の菌体が宿主に感染して、宿主内で休眠胞子嚢をつくり、やがて単相の遊走子を放出する過程がある。これが有性生殖だ。

サヤミドロモドキ *Monoblepharis* の場合、これに加えて、卵胞子を形成する。同一菌糸上に造精器と造卵器が形成され、造精器から放出された精子が、造卵器内の卵球と合体する。これが造卵器の上に移動し、ごつごつしたオーナメント（飾りのこと）をもつ卵胞子になる。これが結構カッコいいのだ。こう見るとツボカビ類の主な核相は、単相だ。また、コウマクノウキンは、単相・複相双方の遊走子を持っている。いずれもここを起点に菌糸体となり、それぞれの核相の遊走子を放出する無性生殖ができる。単相で活動する生き方と、二個の遊走子が融合する有性生殖を経た、複相で活動する生き方が並列している。この生き方は、世の東西を問わず、広く人に利用されているパン酵母もほぼ同じだ。

一方、トリモチカビ門・ケカビ門の旧接合菌類（色々と情報を探すと〝故〟接合菌類と紹介されていた！ 煮豆と糖蜜でもお供えしたい）の菌糸体は単相の多核体で、有性生殖のため接合胞子を形成する過程だけ複相になる。接合胞子の形成は、植物の自家受

子嚢菌の生活環

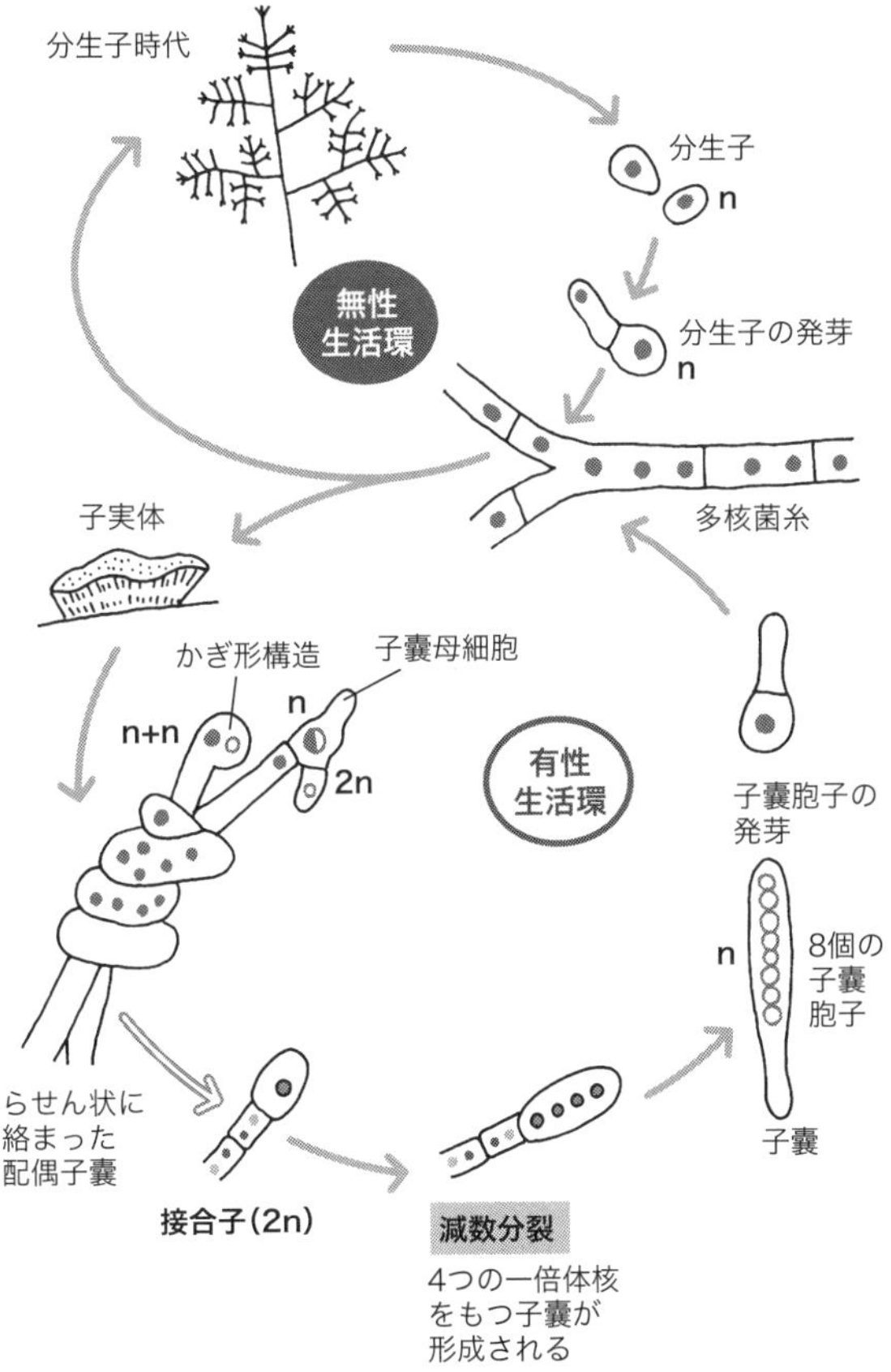
分生子時代
分生子
n
分生子の発芽
n
無性
生活環
多核菌糸
子実体
かぎ形構造
子嚢母細胞
n
n+n
2n
有性
生活環
子嚢胞子の
発芽
n
8個の
子嚢
胞子
子嚢
らせん状に
絡まった
配偶子嚢
接合子(2n)
減数分裂
4つの一倍体核
をもつ子嚢が
形成される

粉のように同一個体でできるホモタリックな種と、そうでないヘテロタリックな種がいる。有性生殖では、菌糸の先端が膨らんで前配偶子嚢ができる。これと別の前配偶子嚢の先端同士がくっついて、それぞれの先端が丸くくびれて配偶子嚢となる。これが融合して接合子《せつごうし》（唐突に〝つぐ・あいこ〟とかの人名が出てきた訳ではない。配偶子、ここでは配偶子嚢が接合して生じる細胞のこと。接合菌類の名の所以《ゆえん》がここにある）となり、成熟すると耐久器官として長持ちする接合胞子となる。接合胞子が発芽すると、胞子の先に胞子嚢を形成し、単相に戻る。

子嚢菌の菌糸体も活動の主体は主に単相で、有性生殖の際、一細胞が二個の核をもつ二核相を経て、複相となる。酵母など複相で活動できるものは、子嚢菌全体で見ると少数派だ。

そしてカビ・きのこタイプの子嚢菌の場合、二核相・複相いずれもわずかな時間しか存在しない。子嚢菌にもホモタリックな種と、ヘテロタリックな種があり、前者は後者から進化したと考えられている。有性生殖で二種の異なる個体の菌糸が出合うと、らせん状に菌糸が絡み合い（人から見ると激しい情念を感じる。有性生殖はそれだけ重要な

担子菌(ガマノホダケ)の生活環

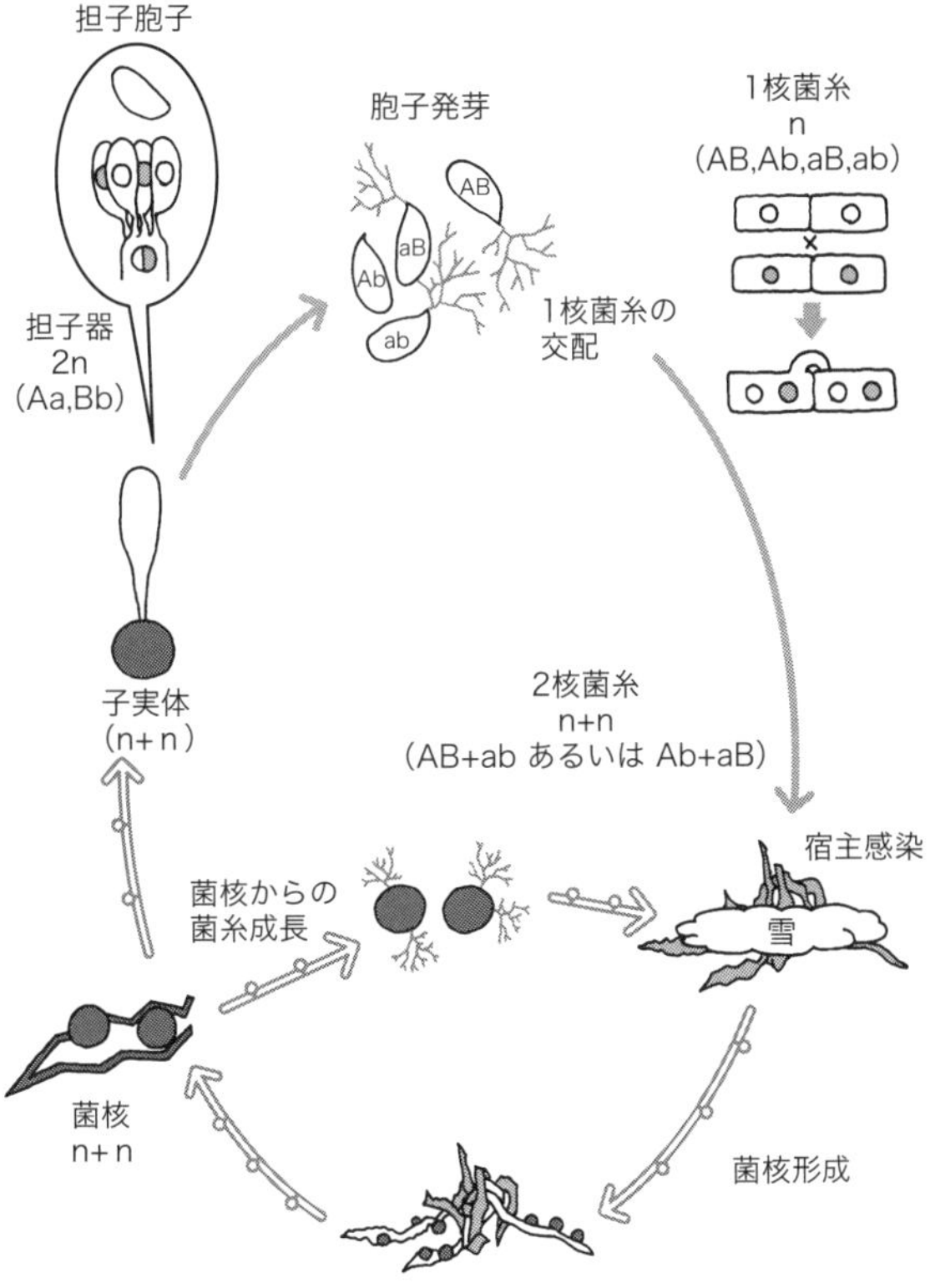

イベントとも言える）配偶子嚢（造嚢器）を形成する。ここから多核の造嚢糸を生じる。造嚢糸の先端は折り返して、異なる菌糸由来の核を二個含んだかぎ形構造を形成する（個人的には、かぎよりもピッキングの道具に似ている気がする）。

この核が同時に分裂し、先端にそれぞれの核を一個ずつ残すように、隔壁を形成する（二核相の子嚢母細胞）。子嚢母細胞内で核が融合し、ここで複相となる。二核も複相もこの時限りだ。

この後、減数分裂と体細胞分裂をおこない単相の子嚢胞子を八個あるいは一六個形成する。有性生殖は、コストがかかるはずだ、様々な形態の細胞（さすがに核が勝手に動かないように、隔壁も細工されている）が必要となっている。ちなみに子嚢菌の一瞬の二核相とこれから述べる担子菌の二核相での生き方から、両門をまとめた亜界として、ディカリアDikaryaと呼ぶことがある（正式な和名の学術名称は、定まっていないが、二核菌亜界・重相菌亜界などと記されることもある）。

担子菌類も私たちの基準で見れば、かなり変わっている。なにせ彼らの菌糸は、一つの細胞に性質の異なる二種の核を同居させている二核細胞なのだ。ｎでもなく、２ｎでもないn＋nが通常モードである。スーパーで販売されているマッシュルーム *Agaricus bisporus* は、担子菌で和名をツクリタケという（でも普段あまり聞かない。きのこ好き以外は知らないと思う。鳥のエトピリカは、このアイヌ語名が和名のオイランドリより有名だと思っていたが、いつのまにか、このアイヌ語名が和名⁉になっていた。同じもののきのこ版ならば薬用として幕府献上品だったエブリコがある。アイヌ語には濁音が無いので、アイヌ語名称は、エプリクやエプルクとなる）。

大きめのマッシュルームを買ってきて、乾燥しない状態で置いておくと、徐々に傘が開いてくる。開いた傘の下に赤黒いヒダがある。これはきのこが悪くなったわけではない。単相の胞子をつくったのだ。ヒダの付いた傘をほんの少し切り取って、ヒダを上にして、セロテープでシャーレの蓋の内側にとめておく。これを、中に寒天培地が入ったシャーレにかぶせて、しばし待つ。早ければ、二時間程度で切り取ったヒダの模様で、培地の上に胞子が落ちてくる（一晩経って上手《うま》くいかなければ、私はあきらめている）。胞子がおかれた環境が適していれば、やがてこの胞子が発芽し、菌糸を伸ばす。この菌糸は、一核菌糸とも呼ばれ、胞子と同じで単相の核を細胞に一つもっている（担子菌の細胞では、隔壁の孔に栓をする、あるいは目張りをして孔をふさぐなどの細工が施され、核が勝手に移動できない構造を取っている）。一核菌糸は相性の合う同士で交配して、二核菌糸となる。それぞれの細胞が融合して、一方に他方の核が移動する。相性が合わなければ、細胞死がおこる。この二核菌糸の核相は、二核相n＋nとなる。培地の上で一核菌糸は、様々に交配をして二核菌糸になる。このため見た目は同じでも、シャーレで成長する菌糸体は、多種類の個体の混合物だ。そして、蓋に張り付けた親のきのことは、大体が異なる個体だろう。

　この二核菌糸がきのこになり、顕微鏡で覗《のぞ》くとその多くが特徴的な構造をしている。菌糸のところどころにこぶがあるのだ。これはクランプ結合、かすがい連結（〝子は鎹《かすがい》〟のかすがいの意味、木材をつなぐホチキスの針的な釘《くぎ》の一種）と呼ばれ、細胞分裂の際に二種類の核を確実に含むようにする仕組みだ。

　一種類の核は、必ずここを通って元の細胞に戻される。担子菌では、かなりの期間を二核相で過ごす種が多い。なぜ複相ではなく、二核相なのか？　独立した核をもつことにこだわる理由は、いまだよく解っていない。ただ二核菌糸の方が、一核菌糸よりも馬力が出ることは判っている。

子嚢菌のパン酵母も、ストレス耐性は複相能が高く、産業利用される際は複相の菌株を使用している（人に使われるということは、そのくらい菌にもストレスになるのかも知れない）。

二核菌糸や二核相の酵母（担子菌類にも酵母はいる）は、環境に応じて子実体を形成する。きのこは、そのほとんどが二核菌糸で構成されており、胞子を形成するための器官、担子器のみが複相となる。種によって差があるが、担子器は胞子を四個つけるものが最も多い。担子菌酵母の場合、酵母細胞から菌糸が出て、そこに担子器を形成したり、酵母から直接、担子器を出すものもいる。担子器がつくる胞子数＝交配に関わる遺伝子×2となる。交配遺伝子が二種類の場合、担子胞子の遺伝型は、AB、Ab、aB、abの四通りになる。それぞれが発芽し、一核菌糸になり、ABとab、aBとAbのペアで交配し、二核化する。

本章の始めに、進化的に菌類は、私たち動物に最も近い存在であることを紹介した。

一方で菌類は、動植物に一般的な一細胞に複相の核一つの構造とは、異なるものが多く、その生活の主体は単相の多核体だったり、単相・複相の両刀使いだったり、二核相だったりする。菌類の種数でみれば大多数を占める（それだけ繁栄している）子嚢菌と担子菌は、ごくわずかな期間しか複相の細胞をもたない。

このことは、複相とならずとも生きていける道があり、単相の多核体や二核菌糸には、複相にはない利点があるのかも知れない（また、比較的ヒトに近い生活環であるツボカビのサヤミドロモドキやコウマクノウキンのカワリミズカビ属*Allomyces*とかは、人にもっと親身になってもらってもいいと思う）。生物には様々な形と生き方があることは、ご存じだと思う。そして私たちがまだ知らない理由で、一番大事なはずのDNAのあり方さえも変えて生きているモノたちがいることを、ここで知って頂きたい。

菌類の生き方③　自分を変えて、そのコピーを増やす（疑似有性生殖）

有性生殖がみつからない、あるいはこれを失った菌類は、以前には不完全菌類と呼ばれてきた。遺伝子解析により、大半は子嚢菌・担子菌と、人はその所属を知ることができた。遺伝子解析により不完全菌類と呼ばれていた菌類の一部では、有性生殖に必要な

疑似有性生殖

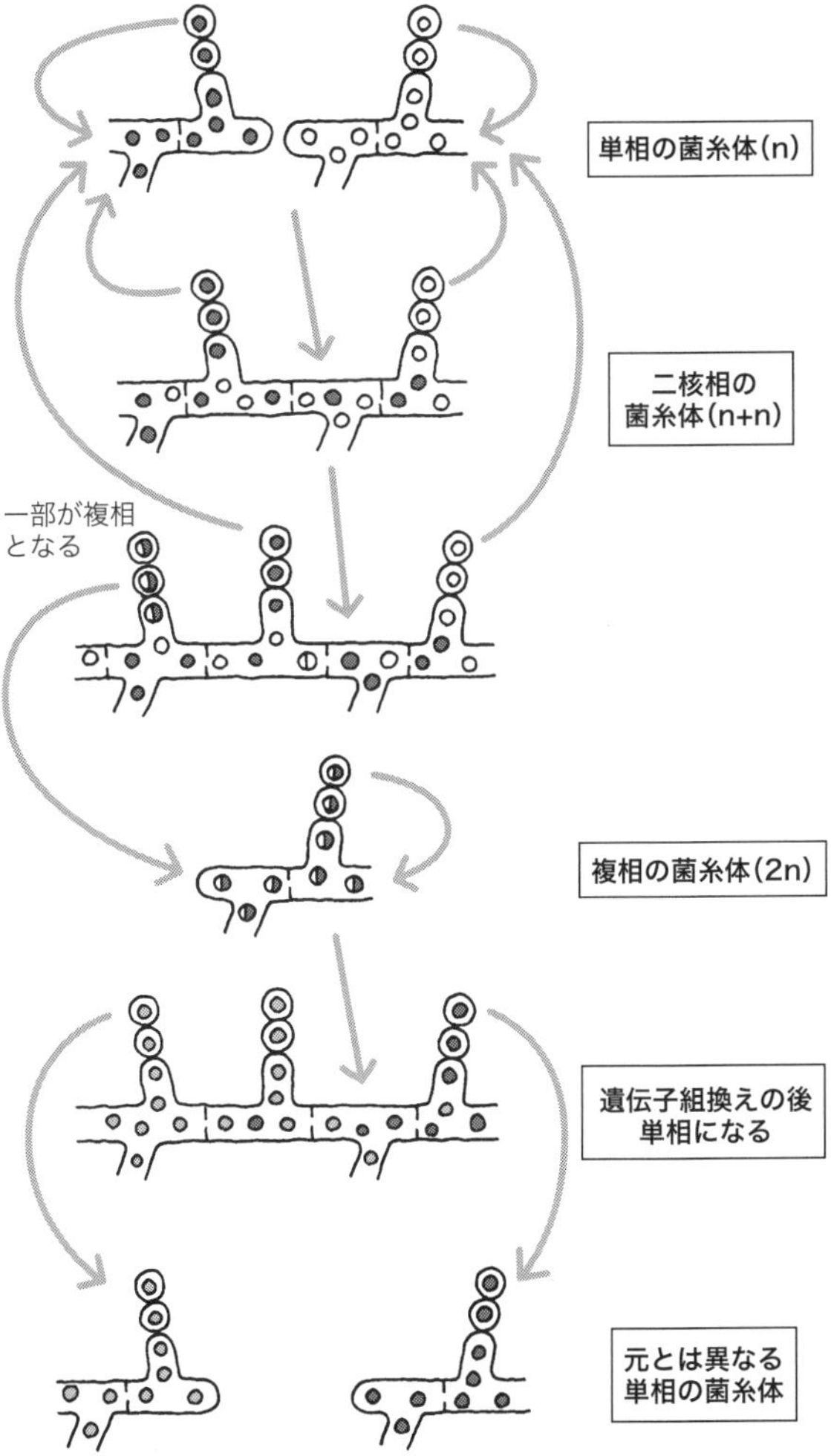

単相の菌糸体(n)
二核相の
菌糸体(n+n)
一部が複相
となる
複相の菌糸体(2n)
遺伝子組換えの後
単相になる
元とは異なる
単相の菌糸体

遺伝子を失っていたり、壊れていたりする。

とすれば、これらの菌は、無性生殖、つまり自分のコピーを増やすだけの生き方しかないのだろうか？　そんなことはなく、有性生殖の仕組みを失っていても、有性生殖チックな遺伝子組み換えができる別の道を菌類はもっている。

アメーボゾアの細胞性粘菌タマホコリカビ *Dictyostelium discoideum* においても同様の機構が知られている。これが疑似有性生殖（準有性生殖）である。この仕組みは、菌類で遺伝学のモデルの一つとして用いられていたコウジカビの一種 *Aspergillus nidulans* で発見された。この菌自体は有性生殖が確認されており、この発見が災いして（？）遺伝学のモデルとしては敬遠されている。

疑似有性生殖の仕組みは、以下のようなものだ。同種で異なる種類の遺伝子をもつ単相の菌糸が巡り合い、菌糸間の融合が可能ならば、遺伝的に異なる核をもつ菌糸体になる（この時点で細胞から見ると遺伝子の種類を増やすことができたことになる）。遺伝的に異なる核も融合して、ヘテロな複相の核ができて、この核は元からあった単相の核と共に増殖する。胞子の形成や複相の菌糸が早く成長し（やはり単相よりも有利なのか?)、複相の細胞が分離する。菌糸の成長に伴い、複相核が分裂する際にまれに体細胞交叉《こうさ》し、ここで相同染色体の組換えがおこる(部分的だが遺伝子がシャッフルされる)。そして減数分裂によらず(!)単相になる(!!)とある。どうやって?と思って文献を調べていくと、複相から単相になるまで徐々に染色体を失っていくらしい。

これは細胞分裂の際に、染色体が均一に分配されず、2n+1、2n−1の異数体となり、これらが染色体を失いながら(実際に中途半端な数の染色体数の菌糸が観察されている)、nになるのだ。

すごい力技のようにみえるが、植物病原菌の農薬に対する耐性や、宿主変更などにこの仕組みを利用して対応しているようだ。

動物において染色体の異数化は、好ましくない事例が多く、やはり複相で活動するパン酵母にも不具合が多いとされる(一方で酵母は、ビールには四倍体、実験レベルならば一二倍体など、高次倍数体が存在する)。

こうしてみると単相の多核あるいは二核で活動する菌類は、染色体の異数化の問題を避けるために単相を採用し、馬力不足を補うために複数の核で対応するのかも知れない

（多核の藻類では、細胞の分枝などの必要が生じた際、核をかき集めて新たな形をつくることが知られている）。

時には速く、時にはゆっくり進化する

菌類を含むオピストコンタが一〇億年位前にアメーボゾアと別れたことは、先に記した。今のところ最も古い菌類の記録は、一〇億〜九億年前までさかのぼることができる。その後、繁栄を重ねて人が名前を知るものが約一四万種あり、さらにその一〇倍以上の菌類が存在すると予想されている。まあ、私たち動物から見ると、相対的には単純な構造なので、簡単に進化すると思われていないだろうか？　いや、そうでもないと言うか、逆だと思う。

菌類は、基本的には死なない。菌糸体が二つに切られても、二つに分かれるだけで死なない。また、明確な寿命もない（昆虫が痛覚をもたず、その理由を経験が蓄積するほどの長寿ではないからと説明する学説がある。ならばかなり長寿の菌類に痛覚あるいは、物理的に菌糸体が分裂したことを感知する機能があってもおかしくない！）。出芽酵母

は、出芽すると出芽痕という跡ができる。出芽痕からは新たな出芽はできないので、おのずと一酵母細胞が出芽できる回数には限りがある。

平均的には、約二四回程度、頑張るヤツでも最大で四三回だ。出芽痕だらけになった酵母は、それ以上分裂できず、細胞は死ぬことになる。だが二四回も生み出した娘細胞は、親のコピーなのだ。だから有性生殖をしても親のコピーも生き続けるので、変化が遅い。動物もクラゲみたいに不死系でブイブイ言わせているのを除けば死が訪れる。動物では、親世代に寿命があり、確実に死ぬことで、世代間の変化を早めることがある。よい例が昆虫だろう。種によっては一年に二〜三回生活環を回すことのできる彼らの進化速度は速く、状況によっては短時間で新たな種が生まれる可能性がある。例えば、ロンドンの地下鉄に閉じ込められた蚊は、一〇〇年程度の短い時間で進化したと考えられている。

一方、菌類の場合、進化速度が遅いことが知られている。遺伝子解析によって、見た目はうり二つ（菌類の記述に、植物を挙げるのは適当ではないか？　あるいは広い意味で菌学は、植物学の一分野なのでむしろ良いかも知れない）の種が、隠蔽種として知られていることは第一章に紹介した。コクシジオイデス症の病原菌に、*Coccidioides immitis* というやばい子嚢菌がいる。人がホコリを吸うと、これに混じった胞子が肺に吸入され、感染する。北米南部から南米で報告されており、病原性の強さからバイオテロの対象に指定されている。この病原菌のうち、以前には non-California（非カルフォルニア *C. immitis*）とされていた菌株は、遺伝子解析の結果、一億一〇〇〇万〜一億二八〇〇万年も前に、*C. immitis* と別種に分かれていた隠蔽種であり、現在 *Coccidioides posadasii* と名付けられている。見た目が同じヤツでさえこれである。ちょっと見た目の違いのあるヤツらの差など推して知るべしだ。

私の好きなガマノホタケの仲間で、最も好きなイシカリガマノホタケ *Typhula ishikariensis*（そう、もう好きなんです。色々考えてもこれ以上の適切な説明はないと思う）は、北半球の積雪地に広く分布している。日本を中心に左回りに、ロシア→スイス→ノルウェー→アイスランド→グリーンランド→カナダ→アラスカと採集した菌株は、三種の交配型に分かれたが、遺伝子解析の結果も同じで地理的な分布を反映していなかった（この菌を採集するための苦労話は、拙著『菌世界紀行』を熟読して頂きたい）。

ベーリング海峡をはさんで、こっちと向こうで、全然変わらないのだ。子嚢菌に比べれば、担子菌の胞子は、繊細な（子嚢菌から見れば、弱っちい）ので、大陸間の差や、ユーラシア大陸の端と端で差があると思っていたので、びっくりぽんだ。なぜこんなに時間がかかるのか？　やはり親世代の影響が大きいのだと私は思う。

同じ祖先から別種が生じるには、交配を妨げる地理的あるいは生態学的な障壁（生き方の違い）が必要になる。これにより二群に分かれた場合、それぞれの群れに、異なる遺伝子変異が蓄積し、交配に障害がおこる（特に順番がある訳ではない）。また、形態的な違いもおこる。優秀な親世代が多数おり、広く分布しているならば、交配が妨げる場面（進化するチャンス）自体少ないかも知れない。新しく生じた子世代の多くは、親に吸収されていくだろう。菌類にとって有性生殖は、環境が変わらなければ自分たちの能力向上、バージョンアップを目指し、環境が自分たちに不利に働く場合は、子世代以降で生き残れる遺伝子の組合せに賭けるのだと思う。

では、菌類は速く進化できないのだろうか？　否、状況によってとても速く変化する。例えば植物病原菌の農薬耐性など、その一例だろう。農薬の散布は、安定的に農作物を生産するための必須アイテムだ。しかし、散布を数年続けるとその効果は、低減する。農薬に対して耐性をもつ菌が発生するからだ。農薬の散布により、周りの菌の勢いが弱まる中（農薬に対する耐性のない菌は、生き残るのに不利なので交配を妨げる障壁が生じていると考えることができる）、耐性菌は周りの仲間と、有性あるいは疑似有性生殖で交配することで、人に対して抵抗してくる。敵もさるもの引っ掻《か》くもの（やはり菌類の比喩には、同じオピストコンタつながりの動物の方が良いかな？）なのだ。

同じような経験を私は、フユガレガマノホタケ *Typhula incarnata* で見たことがある。私がポーランドで、この菌の菌核を採集した時、少し小粒だなと感じていた。だが培養して驚いた、シャーレ一面にけし粒のような菌核が見えるのだ。これは新種に違いないと信じていたが、遺伝子は変わらなかった。なんなんだろう？　その答えは、近年の気候変動にあると思う。

以前は、冬に積雪があった場所に雪が降らなくなっている。本来、雪の下で菌糸を伸ばして植物を食べていたが、寒いが雪のない場所で生活しなければならなくなった。そうなると、成長していくためには、充分な水分と宿主となる植物のある場所に限られる。

つまりきのこから胞子を広くばらまく作戦はコストがかかる割にリスクが高い。だとすれば生育に適した場所になるべく多くの次世代を残すのかも知れない。これがけし粒ほどの小さな菌核をつくる理由だと思う（菌核はきのこをつくる装置ではなく、次世代の菌糸体をその場所で確実に残すための道具に変化している。植物病理学では、このような仕組みを土壌感染と説明する）。気候変動によって、ヨーロッパアルプスの山に住むフユガレガマノホタケたちと切り離された（交配の障壁が生じた）ポーランドの菌たちの生きざまがここにあるのだろう。菌を飼うことによって、こうした彼らの暮らしの一部を見ることができるのは、とても良い体験になった。

第三章　「菌」はバイタリティーにあふれている

極限を生きる　温度プラス編

本章では、菌類の生き方、特に極端な環境に生きる菌たち（この表現、科学論文では使用できないけれど、古典に出てくる〝公達《きんだち》〟に語呂が似ていて、菌をディスる感が無く好きだ）を取り上げて無用に熱く紹介するのだが、色々調べていくうちに、出鼻をくじかれると言うか、まぁそうだよなと軽く気落ちすることになった。端的に言えば、上には上がいるのだ。例えば生物が増殖可能な温度の上限も、冷え冷えした温度の下限も残念ながら菌類ではなく、細菌類なのだ。アーキアには一二二℃で増殖する種がいる。そもそも食品などの滅菌温度一二一℃は、納豆菌*Bacillus*属など身近にいる真正細菌の胞子（芽胞とも呼ばれる）の生存可能な温度から導かれているのだが、これじゃ、これまでの積み重ねが台無しじゃねぇかと嘆く心配はないと思う。彼らは熱水噴出孔など江戸っ子も耐えられない高温しか好まないので、人と関わることは少ないのではないかと考える。ただ、身近な食品などからこんなものがもし出てきたら、同じ人類なのかと思うくらい興奮するだろう人の顔が、私の脳裏に少なくとも三人はよぎる。

菌類だとこれがずっと下がって、子嚢菌《しのうきん》ケタマカビ属 *Chaetomoium thermophilum* の菌株の六五℃位になる。だから無駄にイキることなく紹介しよう（正式な熱湯風呂の温度は、四五〜五三℃らしいので、ヒトよりも高温に適応していることには違いないのだ。しかし、〝正式な熱湯風呂の定義〟の一次情報にまだアクセスできていないので、バシッと言い切れないことが歯がゆい）。だが、菌類と高熱の関連で生き物同士の見えないつながりを意識できる好例がある。

イネ科の植物に *Dichanthelium lanuginosum* という植物がある。北米に分布し、同属は帰化植物として、日本にもその存在が確認されている。この植物の変種の一つ var. *thermale* は、火山で有名なイエローストーン国立公園で採集され、当然耐熱性がある（この地域の夏の地温である四〇℃以上に耐えられる）。だが、この植物の持つ能力は、自身の能力のみではない。私たち動物が腸内などに様々な微生物をもち、共生しているように（ちょっと前まで勝手に入ってきたヤツらとディスられていたが、最近は人にとっても意味があることが分かって、一転持ち上げられている）、植物もまた、様々な微生物と共生している。

きのこ好きなら植物と菌類との共生と言えば、マツタケ *Tricholoma matsutake* やホンシメジ *Lyophyllum shimeji*（彼らは、もちろん担子菌です）のような菌根菌が、まず思いつくかも知れない。菌根菌は、植物の根を住処《すみか》とし、植物と共生する菌類だ。植物から彼らが光合成で生産する糖類を貰《もら》う代わりに、周囲の土壌からリン酸や窒素を菌糸が吸収して植物に送る win−win の関係（生態学的には相利共生という）を構築している。

また、菌糸を通じて、異なる種を含む植物間での情報伝達に使用されている。そして、これ以外に植物の葉や茎の内部にも菌類が存在している（親から子へ種子を通じて伝わるモノもいる）。これらは、内生菌あるいはエンドファイトと呼ばれる。内生菌は、菌類以外に細菌類の存在も知られている。この菌は、初め人に嫌われ、色々と細かく詮索された挙句、意外と人の役に立つのではないかと注目されている。

牧草にがまの穂病を起こす子嚢菌*Epichloë typhina*などが感染した牧草には、家畜や虫に対する毒性があるとされる。人から見たら家畜が中毒するのは嫌だが、牧草から見たら牛の食が細るのはありがたい。また、虫に食われにくい芝生は、人にも植物にも益がある。人だけでなく生物の社会も多層で、見方によって敵味方もかわるのだ。

前振りが長くなったが、イエローストーンのvar. *thermale*にも内生菌、子嚢菌*Curvularia protuberata*がいる。抗生物質で人工的に内生菌を除去した植物は、耐熱性を失い、四〇℃に耐えられなくなる。再び、内生菌を植物に戻すと耐熱性を回復し、六五℃まで耐えられるようになる。つまり、この植物は、火山帯に適応した変種だと思われていたが、力の源泉は、内生菌にもあることが分かる。

植物から分離した内生菌を単独で培養すると、菌糸成長や胞子発芽も四〇℃以上ではできない。これは人が培養する条件で、菌が最大のパフォーマンスを発揮できるかという、別の問題である。宿主＋内生菌によって、それぞれの能力以上の力を出せるところがスゴい。しかし、話はまだ続く。植物の中に内生菌がいるように、内生菌の中にウイルスがいるのだ。つまり私たちが風邪にかかるように、菌類にもウイルスが感染する。

内生菌からウイルスを除去すると、宿主＋内生菌であっても耐熱性を失う。ウイルスが内生菌に入って、その内生菌が宿主の中に入って、宿主が耐熱性を発揮する。まるでロシアのマトリョーシカのような三重の入れ子構造になっている。生物の中には、喰《く》う喰われる以外にも、それぞれの関りがあることが分かる。

極限を生きる　温度マイナス編

土の中には、多様で多数の微生物が存在している。なので、森ほどではないが、土も生きている。生きているので、土も呼吸する（普段は生きていても歌うことはない。地面から音が聞こえれば、災害の前ブレかもしれない。避難した方がいい）。測定すると土から二酸化炭素（主に好気的呼吸の産物）やメタン（嫌気的呼吸の産物）が放出されている。これは、土壌に含まれる微生物の呼吸によるものだ。

気温が下がって、地面に霜が下《お》り、雪が積もると微生物たちも冬眠してしまうと思われるかも知れない。でもね、みなが寝静まった夜中に嬉々《きき》としてカップ麺を食べたり、ビールを飲んだりする輩《やから》がいるように（そして夜が明けると、その悪行が白日の下にさ

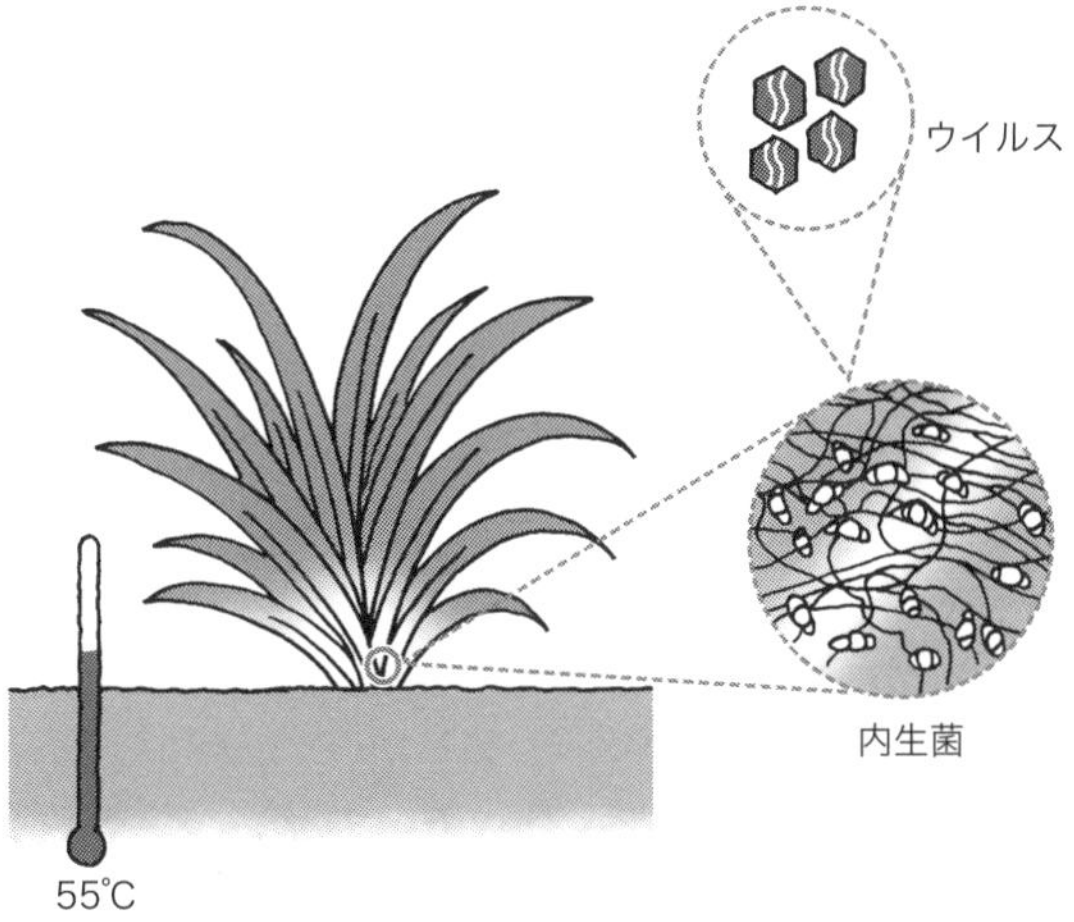
ウイルス
内生菌
55℃

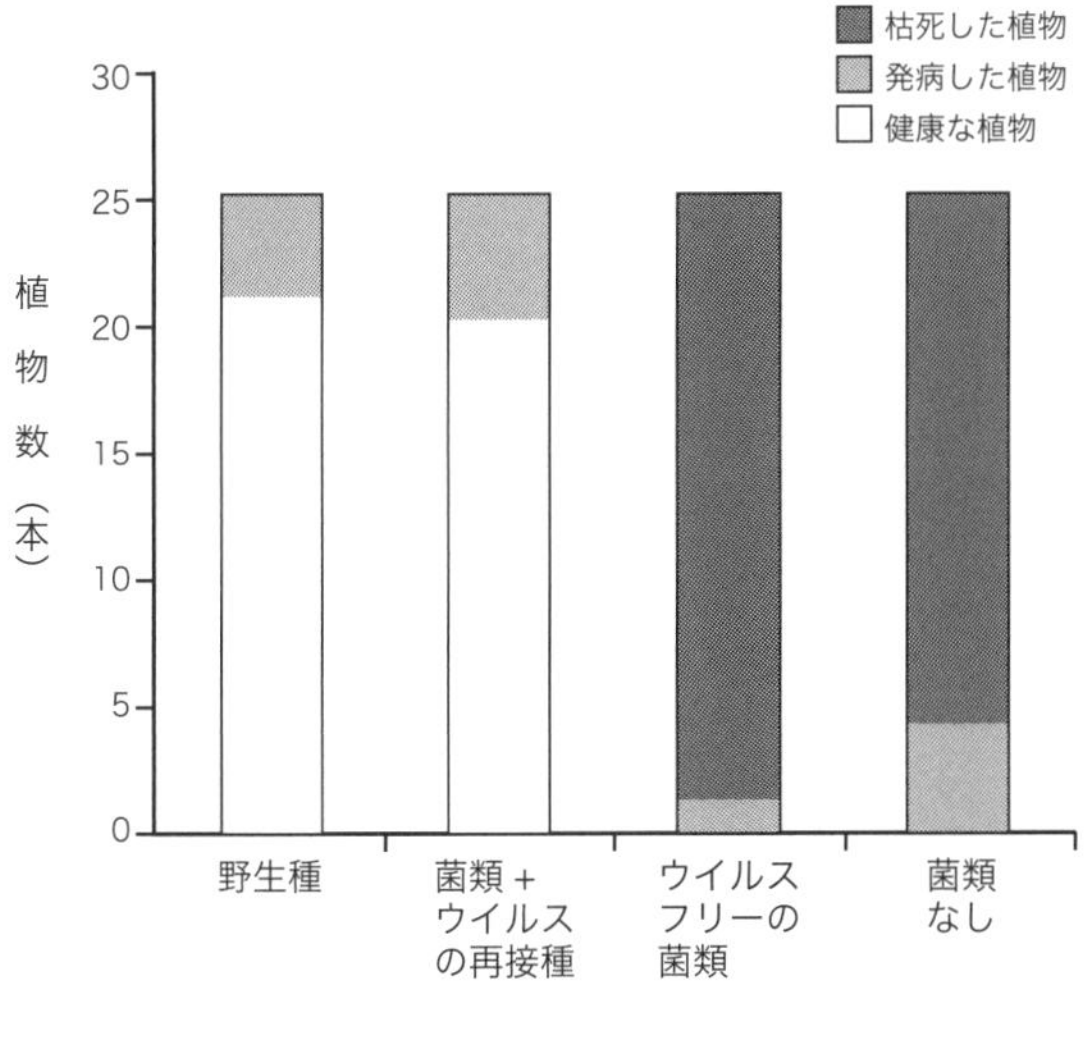
枯死した植物
発病した植物
健康な植物
植物数（本）
30
25
20
15
10
5
0
野生種
菌類＋ウイルスの再接種
ウイルスフリーの菌類
菌類なし

らされ、家の人に叱られる）、菌にも同じように、他の微生物が、気温が下がり活動できなくなるのをはた目に、わざわざこの時を選んで動くヤツらもいる。なにせ実験的には、マイナス八〇℃でも土の呼吸が観測されるのだ。一般的な食中毒や食品の腐敗に関わる微生物の増殖の下限温度は、マイナス一八℃とされる（だから冷凍庫の設定温度は、マイナス二〇℃だ）。だが、はるかにこれを超える微生物がいる。冷蔵庫どころか、人の出入りがあれば冷凍庫の中でもカビるのも分からなくはない。

低温環境は、大きく分けると〝凍る世界〟と、寒くても〝凍らない世界〟の二つがある。凍る世界は、北極・南極などの極地やヒマラヤなどに代表される高山帯から身近な里山の積雪地など、主に地球表面の陸地に存在している。

一方、寒くても凍らない世界は、主に流氷の下から深海まで、海洋などの水環境だ。凍る世界の雪の上・中・下層それぞれに菌類がいる。登山が好きな方は、見たことがあるかも知れない。冬の終わりが近づくと残雪の上が赤や橙《だいだい》・緑などに色づくことがある。彩雪と呼ばれ、土の中の藻類が光を求めて時には、数mもある積雪を二本の鞭毛《べんもう》で泳ぎ、雪上にたどり着いた証《あかし》なのだ。鞭毛をザイルのように使って、雪の中を登るのではない。

氷雪藻とその寄生菌の生活史

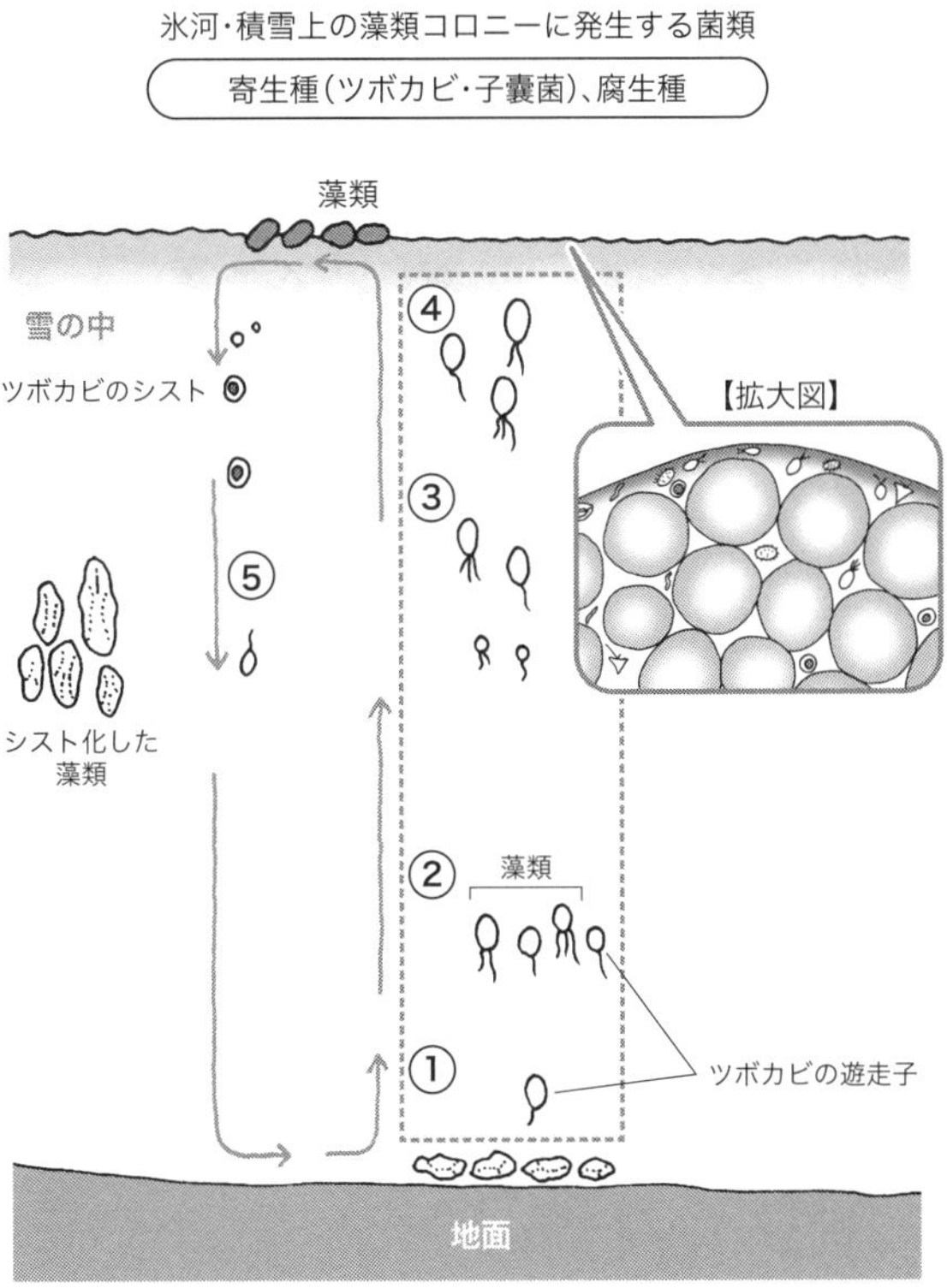

重力に逆らって、泳いでいるのだ！どこに水が？と思われるかも知れない。降り積もり、固まった雪粒の表面は、地熱や太陽の熱でわずかに溶け、液体の水をまとっている。藻類たちは、この水を使って、上へ上へと泳いでいく。有機物あるところ菌類あり！この藻類に寄生するツボカビ類も一本の鞭毛を使って、地上から追いかける（寄生種なので、宿主を追いかけると考えているが、証拠はない。もし、待ち伏せているなら、もっと面白い）。

顕微鏡で観察するツボカビや卵菌など鞭毛をもつ菌類の遊走子たちのけなげに泳ぐ姿に目を細めたくなるが、何ｍも泳げるなんてスゴいと思う。藻類たちが世代を重ねながら、雪上を目指すように、ツボカビたちも世代を重ねて移動しているのかも知れない。世代を超えて他の銀河を目指す恒星船や、私たちの遠い親戚筋が、獲物を追って南米大陸の端まで歩いていく、グレートジャーニーと同じ世界がミクロにもあるのかも知れない。いや、私たちの祖先の一部である太平洋の島々の人々が小舟でイースター島やマダガスカルまで航海した方がいいか？

そして雪が融けると、藻類もツボカビたちもシスト（耐久性の高い細胞）になって地面に戻っていく。寝ているうちに振り出しに戻るとは！　彼らは夢オチかと思うかも知れないが、大丈夫、全部じゃないけれど人が記録している。

森林などで立木があれば、木の枝や葉をめぐって菌たちの競争がある。冬に十分な積雪があれば、若木は埋もれてしまう。そうなると多くの微生物は冬眠しているが、やはりそんな時に、他の菌を出し抜くために雪の中から動き出す菌もいる。そして雪の下にも菌がいる。ここが主に私の研究の主戦場だが、拙書『菌は語る』にこれでもかってくらい書いてしまったので新たに書くことがない（正確にはあるけれど、論文などが出版されていないので、まだ書けない）。うかつにも本書をつらつらと読んでしまい、雪の下の世界に興味がなくともここまで来たら、私の顔に免じて、是非購入して（ここ非常に重要！）一読して頂きたい。

海洋や水深のある湖ならば、相当寒くなっても全て凍りつくことがない。また、深海ならば水圧のため氷点下でも凍ることがない。深海にも菌類の存在が知られている。ただ残念なことに細菌のような好圧菌（圧力がかかると成長する微生物）の存在は報告されていない。深海底から分離される細菌には、深海の環境に適応し、大気圧では増殖できないものがいる（絶対好圧菌）。ただ、菌類にも興味深いエピソードがある。南極にある淡水の湖の底と、私の現住所である青森県八戸《はちのへ》市の沖の海底はつながっているかも知れない。

日本の南極観測の拠点である昭和基地周辺の露岩域（夏には雪が解け、地表がみえる場所）には来歴の異なる様々な湖沼がある。最終氷河期が終了し、南極大陸全体を覆っていた氷河が解け出すと、重しを解かれた大陸が浮上した！　この時、陸地に取り残された海水が溜《た》まった場所が塩湖だ（書き言葉の素晴らしい点は、読めば一目瞭然で理解できるところだ。書けば、塩湖＝しょっぱい水の湖と即座に分かり、「気にすんな。あんなヤツ、どうせ縁故だろ」とか「この地吹雪で、車がエンコしたら死ぬかも〜」など、より身近な語句と容易に判別でき、PCで変換しながらダジャレを考える心の余裕さえ生まれる。また、五所川原《ごしよがわら》市出身の学生が、地元の話で〝ゴショにいた頃〟と言った瞬間、貴種流離譚《きしゆりゆうりたん》が始まるのかと固唾を飲んでいたら、違ったことがある）。

また、氷河の解け水が溜まると淡水湖となる。氷河の解け水も、多少は塩分を含んでいる。解け水の流入量より蒸発量の方が多い場合、これが濃縮されてまた塩湖になる。

上）昭和基地周辺の淡水潮、下）コケボウズ（写真提供：伊村智博士）

昭和基地周辺の淡水湖には、世にも奇妙なモノがある。「コケボウズ」だ。雪と氷の大陸と呼ばれる南極大陸露岩域の夏は、岩石と砂が目立つ、一見殺風景な景色が広がっている（生き物好きならば、目が慣れると石の隙間にコケや地衣類を見つけることができる）。一方、淡水湖に潜ることができれば、コケと藻類の織り成す緑の絨毯《じゅうたん》を見ることができる。露岩域は、生物が多くみられることからオアシスとも称されるが、湖の底にイメージ通りのオアシスがあるのだ（寒く、乾燥した生物の少ない極地の環境は、極地砂漠とも称される）。そして湖の底に円柱や三角錐《すい》のようにコケと藻類が水面から一定の高さまで立ち上がっている。これがコケボウズだ（寒冷地でスゲ科の植物の株が盛り上がったものを谷地《やち》坊主《ぼうず》と呼ぶが、これにインスパイア?された呼称だ）。水面から見るとコケボウズの高さが揃《そろ》っている。年によって差はあるが、昭和基地周辺の湖沼には最大で、厚さ一・七m程の氷が張る。

つまり水深がこれ以上の湖沼は、底まで凍らないのだ。そんな湖にコケボウズたちは住んでおり、彼らの住む世界は、凍れる大陸にある凍らない湖底だ（ちなみにコケボウズの高さが揃っているのは、コケボウズを構成するコケが凍結に弱く、死んでしまうことによる)。やはり、有機物あるところ、菌類あり!! こんな環境(水温二℃が七ヶ月程度続き、短い夏に二ヶ月ほど一〇℃に達する)にも菌類はいる。変わった菌類だ。コケボウズや湖底に広がる藻類のマットには、大量の酵母が住んでいる。そしてそれらは、担子菌の酵母なのだ。これまでも幾度か紹介したように、酵母と言えば出芽するパン酵母 *Saccharomyces cerevisiae* であり、もう一声と言われたら、アフリカでミレットビール(雑穀を利用した醸造酒、炭酸なのに壺《つぼ》からストローで飲むらしい。酔いを早めるためだろうか?)に使用され、モデル生物にもなっている分裂酵母 *Schizosaccharomyces pombe*(この菌は、東京都の秘境、青ヶ島の地酒、青酎に使用されていたらしい。入手経路に興味がある。また、モデル生物と聞いて、スリムで見栄えのいい生物と勘違いしてはいけない。生命を理解するのに適した性質をもった生き物のことである。だから何であんな雑草がとか、所詮ハエだろとか、勘違いでディスってはいけない)のような子嚢菌のイメージが強いが、担子菌でも酵母はいるのだ。特に系統的には、シロキクラゲに近い、ムラキア *Mrakia* 属酵母が全体の四割強を占めている。他属の担子菌酵母を含めると全体の半数を超えている極めて特殊な世界であることが判《わか》る。

以前の職場の同僚は、排水処理の専門家だ。排水処理でも微生物はかなり活躍する。端的に言えば、彼らが様々な有機物を食べることで水が浄化されるのだ。北海道など寒冷地での排水処理は、問題を抱えている。その一つは、冬の水温の低下によってこの微生物たちが動けなくなることだ。特に油脂は、低温で固まりやすくて厄介だ。*Mrakia blollopis* SK－4株は、私たちが南極の淡水湖底から、低温で油脂分解性の高い菌を探して、見《み》出《いだ》された担子菌酵母だ。

生クリームやバターなど、恐らく過去には一度も食べたことのない物質をモリモリ喰《く》う、大食漢ぶりが頼もしい。「井の中の蛙《かわず》大海を知らず」と言うが、南極の湖に恐らくかなり長い年月閉じこもっていたこの菌を、様々な微生物たちが群雄割拠する排水中に入れて大丈夫かと心配していた（感覚的には、子供が小さな時の参観日の心境に近い）が、これが結構いけるのだ（「井の中の蛙大海を知らず」に似たような諺《ことわざ》に「田舎の学問より京の昼寝」がある。個人的にこれは、分野によって違うでしょと思う。私の専門なら、ちゃんと雪が積もって、毎日通えるフィールドは、都会で月に一回の調査よりも得るところがあると思う。でもネットは通じて欲しい）。やはり寒いところでは大いに活躍し、他を押しのけて増殖する！　また、増殖上限の二五℃の水温に二ヶ月置くと、細胞数が1／100まで減ってしまい、もう駄目かなと思っていたが、水温を下げると回復した（いや、このヒーロー物によくある展開を、自分の菌で目にすることができるのは興奮する）！　さすがに南極でブイブイ言わせていた菌は、格が違う。菌が自己主張しないことをいいことに、特許を取り、幸運なことにこの菌を使用したいという企業の方と巡り合い、私の研究の中で唯一実用化された優れモノだ。

　ただ南極は、そう簡単に何度も行くことが難しい（今ならまず健康診断で引っかかるだろう）。だからSK－4株のバージョンアップなどできるだろうかと考えているとなかなかに興味深い論文を見つけた。ムラキア属菌は、両極以外にヒマラヤや欧州アルプスの氷河から分離されている。また種によっては、アルプス氷河と同じ種がドイツ中部の森林の樹液から分離されている。この酵母*Mrakia fibulata*は、二〇℃でも増殖できることから、ムラキア属の中では耐熱性が高い。分離した研究者は、本種は気候変動で消失しつつあるアルプスの氷河から住処を変えて、移り住んだのではないかと考えている。同じように中国やロシアの凍土に加えて、中国遼寧省《りょうねいしょう》で生産されたアイスワイン

（凍結したブドウを原料として生産するワイン。凍ることで糖などの成分が濃縮され、これを搾ると濃縮された果汁が得られる）からも本属の存在が報告されている。ムラキア属のしぶとさが分かる逸話だ。

国内では一度、オホーツク海に流氷が漂着する時期に見つかっている。やはり寒い時期に氷があるような場所で、時期を選ぶのかと思っていたが、意外なところで驚くべき情報があった。

東日本大震災で青森県の太平洋岸沿いは、お隣の岩手県同様津波の被害を受けた。津波をかぶった製紙工場では、製造した紙類にカビが生えた。後日にどんな菌類が被害を及ぼしていたのか、遺伝子解析をおこなった報告の中に本属の名があった。八戸沖の海底は彼らが住むのに快適なのかもしれない。そうか海底の試料からさがせば、ムラキア属菌にまた会えるかもしれない。

でも、あなたたち、海底を調査するにも観測船を持っていないだろって？　大丈夫、試料入手の算段はあるのだ。一つは、私のもつこれまでの人脈と人望（いずれもしつけ糸のように細く、切れやすいが……）を利用する。もう一つは、市場や魚屋を回って鮮魚の腸《はらわた》から分離する方法がある（そして実験に使用するため下ろした魚の身は、廃棄物処理として、ありがたく研究室で頂くことになる）。後者の方法は、もう二〇年以上前に上司の上司である故石崎紘三《こうぞう》博士から学んだ作戦だ。工業試験所の研究者である石崎博士は、低温で働く酵素を探すために、海底の試料から分離することを考え（ここまでは、大体皆考えつく）、船が無いので鮮魚に目を付けた（ここに新たな発想があると思う。資金がなくとも、アイデアがあればカバーできるという好例だ）。

この魚類（実際は、開きで有名なホッケ）の腸内から酵素生産性のある細菌を分離した論文は、インパクトがあるのだろう。現在でも引用されている。このように両極を海底が結んでいる。この酵母（ムラキア属菌）は、どうやってユーラシア大陸の中央まで運ばれるのか分からないが、オランダの微生物学者、ローレンス・バース＝ベッキング博士が提唱した仮説〝Everything is everywhere, but the environment selected〟「誰もがどこにでもいる。しかし、これを環境が選択している」を地でいく気がする。これは、細菌や菌類でもいわゆるカビのような耐久性の高い胞子や細胞をもつものに有効な理論だと思う。

それ美味いかな？　重金属に耐える

人は、時として自らの活動で極限環境を生み出してしまう。自分たちのお腹の中（嫌気）以外に塩漬けやジャムの調理（高塩や浸透圧ストレス）・風呂（高熱）・冷蔵庫（低温）などは、人工の小さな極限環境だ。そんな中に、重金属がある。極限での暮らしは、基本的に細菌類に分があるが、数少ない菌類が比較的勝っているモノが重金属耐性だ。菌類には、亜鉛・カドミウム・コバルト・ヒ素・水銀・鉛・銅などを細胞内に取り込み、特殊なタンパク質などと結合させ（これは細菌もできる）、液胞（細胞内の小器官の一つで、様々な物をため込むことができる。ここでは上述の金属イオンが不要不急の物として扱われる）にしまい込むことで無毒化する。

銅は、電線、食器やブロンズ像などで目にする身近な金属だ。脊椎《せきつい》動物を捌《さば》くと赤い血が出る。これは、酸素を運搬するタンパク質、鉄を含むヘモグロビンの色だ。一方、イカ・タコを捌いても、墨袋をつぶして黒くなることはあっても赤くない。彼らの酸素運搬タンパク質、ヘモシアニンは、鉄ではなく銅を含んでいるので、その血液は、うっすらと青みを帯びている(青い血が流れているのは、宇宙人特にガミラス星出身の方々だけではない)。

また、美容の大敵、活性酸素を分解する酵素、スーパーオキサイドディスムターゼのように酵素活性の発現に銅イオンを必要とする酵素は多数知られており、銅は多くの生物にとって必要不可欠な元素だ。しかし、過ぎたるは猶《なお》及ばざるが如《ごと》し、細胞機能に有益な銅も取りすぎると中毒となる。過去には、年季が入って地金むき出し(現在、調理などに使用される銅器は、通常錫《すず》や銀でコーティングされている)の状態で果汁とか酸性の液体を長時間入れていて、事故が起きたケースもある。そして、銅は、日本ならば神社仏閣の屋根に銅が使われることが多い。屋根を伝う雨水に銅が溶けて、流れていく。雨が上がり、地面が乾くと周囲に銅濃度が高い環境ができる。このような場所では、草も生えなくなるが、こんなところを選んで生えるコケがいる。ホンモンジゴケだ(コケ生えると、草生えるとでは、同じ植物なのに随分とニュアンスが違うw)。

このコケは、日本では東京の池上本門寺の銅屋根の下で発見されて以来、同じような環境にある様々な神社仏閣から見つかっている(信心深いコケではなく、環境が好きなのだろう)。他の植物が苦手とする環境を利用するのは、争わずに勝ちを拾う戦略だと思う。しかし、こんな訳アリ物件でも一人勝ちをさせてくれない。有機物あるところにやはり、菌類あり!!! 自らの体内に一〜三%もの銅を蓄積するコケを喰おうとするヤツがいるのだ。以前、知合いを通じて理研の野村俊尚《としひさ》博士から菌類と推定されるホンモンジゴケの病徴を頂いた。梅雨時期から夏の終わり頃にかけ、かのコケが円形状に枯死するという。さらには、この病徴の上に菌糸や、菌核まで見られるというのだ。時期はさておき、コケを枯らし、菌核をつくる菌となると興味が湧く。早速《さっそく》、培養を開始すると成長が速い速い、最適成長温度の三〇℃では、なんと一日で一・五㎝も成長し、大粒の菌核をつくる。

遺伝子解析から本種は、植物病原菌として名高い、多犯性で五〇〇種以上の植物を宿主とする担子菌の白絹病菌 *Athelia rolfsii* であった。この結果を見て、私は深い安堵《あんど》の気持ちを感じた。白絹病菌は以前、*Sclerotium rolfsii* と名付けられていた。以前の属名、*Sclerotium* は、菌核のことであり、菌核はつくるが子実体の見つからない菌たちを一切合財詰め込んだ属なのだ。私が実験に用いたホンモンジゴケの病徴は、野村さんから知《し》れ

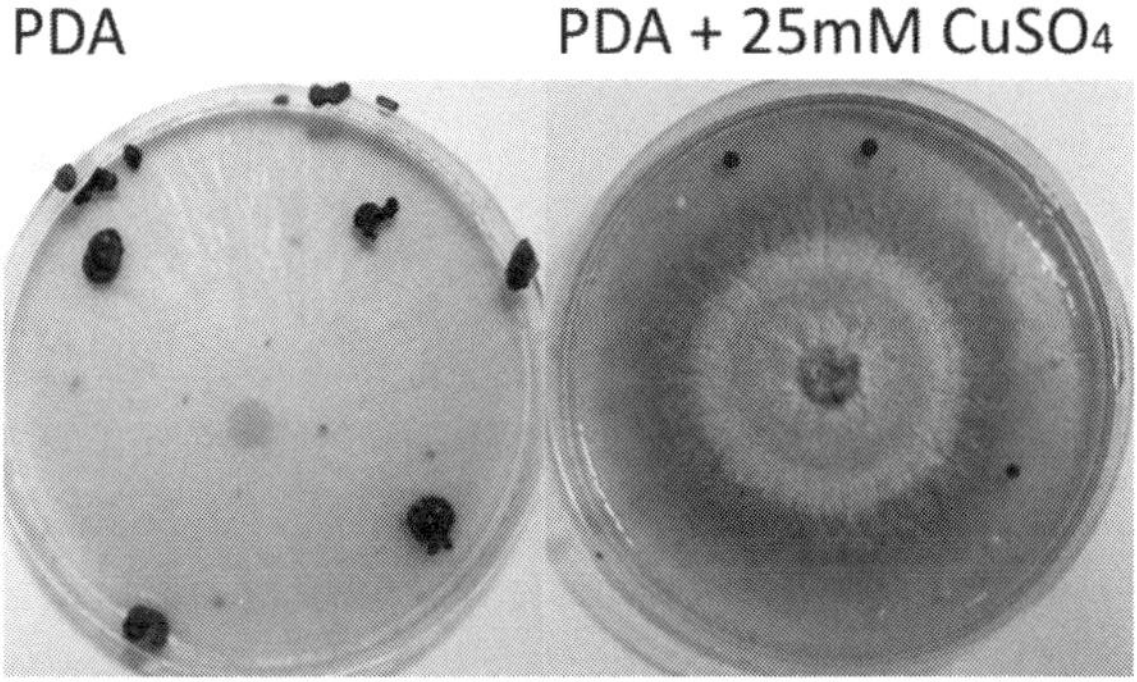

右の硫酸銅の濃度25mMでも成長

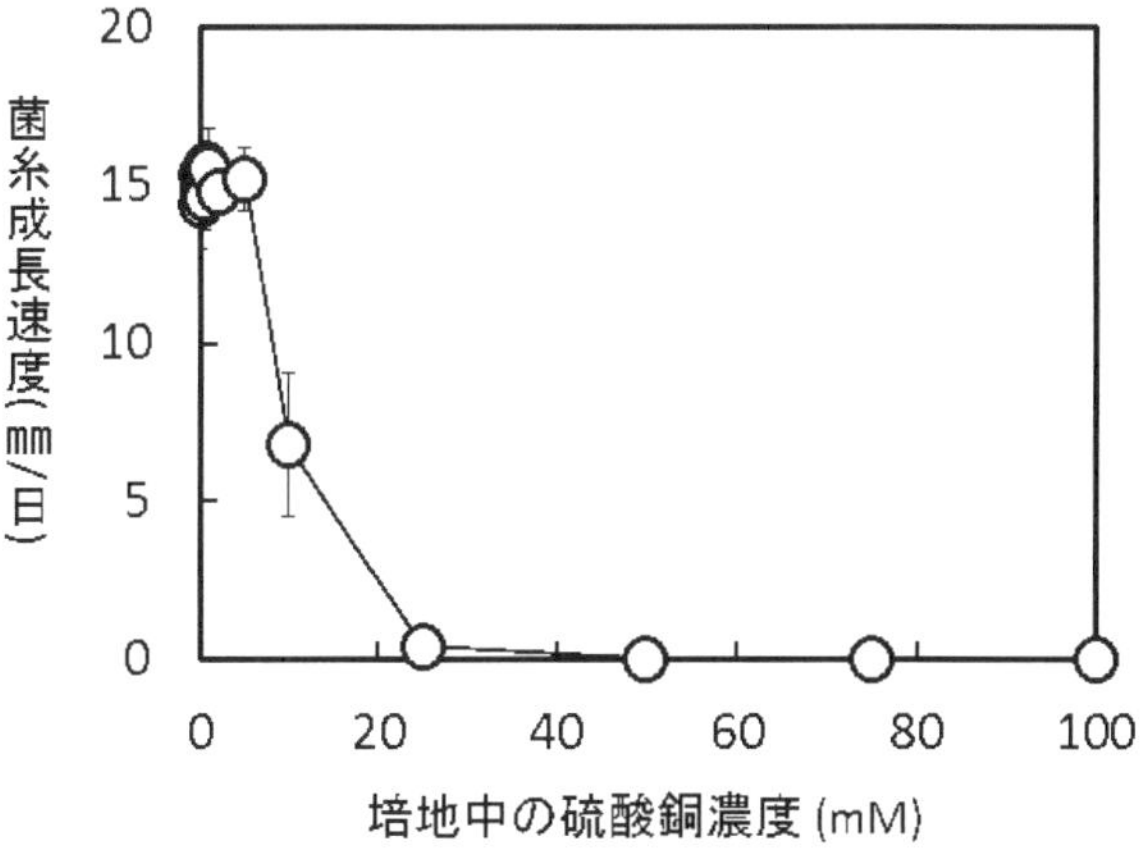

白絹病菌の菌糸成長におよぼす硫酸銅の影響

床《とこ》で開催された学会で手渡されたものだ。私事で恐縮だが、私は学会が終わると有休をとり、斜里から阿寒の川湯温泉に移動し、一日のんびりした。寝る前にふと気になって旅館の冷蔵庫に仕舞っていた菌核を見ると、菌核が割れて菌糸が出ていた！　まずい。試料は湿っていたのだ！　菌核は、植物の種と同じく、乾いていれば扱いは簡単だ。

しかし、発芽した子実体は、ガマノホタケならば乾燥に弱く繊細で、低温で傷つかぬようにそっと運びたい。また、仮に培養に成功しても後日、野外で採集した菌核と同じものはできないかも知れない。翌朝、一番電車に合わせて宿を出ると、職場に直行した。やれやれ、これには随分心配したが、白絹で良かった。白絹病菌はなかなか子実体に会えないモノだからだ。温泉でまったりして、菌が取れなかったら目も当てられないし、私の立つ瀬がない。

名の知れた菌なので、どうしたものかと思案していたが、本種の銅耐性が明らかでないので検討してみて驚いた。結構あるのだ、銅耐性が。まずは、様子を見るために最終的な濃度が五mM（約〇・〇八％）になるように硫酸銅を添加した培地で試したが、何事もなかったように成長した。ならばと硫酸銅の濃度を徐々に増していくと、その五倍の二五mM（約〇・四％）まで成長が可能であることが判った。

コケは、重量の二倍程度の水を吸収すると考えると、十分に水を吸ったホンモンジゴケの植物体は、〇・五～一・五％位の銅を含んでいることになる。確かに雨の多い時期ならば、銅の濃度が下がり、菌に喰われてしまうのだろう。また、実験していたこのシャーレをのぞいて気になったことがある。培地全体ではなく、菌糸体がほんのりと緑がかっているのだ。培地には銅が入っているが、こんな色ではない。文献を調べていくと興味深い事実に巡り合った。銅は木材の防腐剤として用いられている。しかし、担子菌の木材腐朽菌は、シュウ酸（ジカルボン酸で、化学式もHOOC－COOHと縦書きにも優しい）を生産し、自らに害のある銅化合物を無毒なシュウ酸塩に変換している。担子菌である白絹病菌も同じようなメカニズムでホンモンジゴケの毒抜きをしているようだ。よくやるなと思うが、人も負けてはいない。子嚢菌のシャグマアミガサタケ*Gyromitra esuculenta*は、猛毒の食用きのこ（！）である。自殺のために食されるのではない、フィンランドなど北欧では、純粋に食べるために毒抜きをする。これは、ゆでこぼして毒を抜くのだ。だが、ゆでる時に発生する湯気にも毒性分が含まれるので、おちおち鍋ものぞけない。それくらいの猛毒なのだ！　このきのこの缶詰も現地にはあるが、私たちアジア人だとスーパーのレジで「気を付けなよ」と言われる代物だ（まあ、フグも外から見たら同じなんだろうが、フィン族は、今もお尻に蒙古斑《もうこはん》が残るモンゴロイドでもあるのだが毒耐性が高いのだろうか？　いや、扱いに慣れているのだろう）。菌も人も食欲は限りない。

他の生き物を利用してでも生きる

菌類と言えば、生物学の分野では落ち葉などを分解する分解者としての役目が広く知られている。実際に菌類がいなければ、森は落葉だらけになるとの説明がある。普段仕事場も自分の部屋も雑然とさせている身には、なんとなく耳の痛い話だ。若い読者の方で、自分の部屋を好き放題に散らかしておいて、ある日いつの間にか勝手に片づけられて、ご母堂とかに憤慨していることもあるだろう。しかし、自然に物が片づくことはないのだ（私は幼少の頃、物を散らかしておいても、我が家に住む小人がこれを片付けていると信じていたが、未《いま》だに出会えずにいる）。

はるか昔に石炭紀（大体三億六〇〇〇万年前から三億年前まで）という時代がある。これ以前のシルル紀（約四億四〇〇〇万年前から四億二〇〇〇万年前まで）に植物が陸上に進出する。また、植物がリグニンと呼ばれるベンゼン環がつながった化合物に蓄積できるようになったのもこの時期だ。

植物の細胞壁が紙の成分であるセルロースであることは、ご存じだと思う。木材は、主にセルロース、苺《いちご》ジャムの粘度をあげるペクチンのようなヘミセルロースとリグニンの三つの成分から構成されている。これらは、鉄筋コンクリートの構造にたとえられる。縦に伸びる鉄骨がセルロース、その位置を決めるために横から束ねる針金がヘミセルロース、そしてセメントがリグニンの役割だ。この三成分が揃い、植物は大型化し、陸上へ進出した。この植物を追って、菌類が陸上にも展開したと考えられている。

その証拠として、次のデボン紀（約四億一〇〇〇万年前から三億六〇〇〇万年前まで）には、植物に寄生する菌類の化石が発見されている。しかし、当時の菌類は、リグニンを分解する能力を備えていなかった。つまり様々な理由で枯れた植物を完全に分解することはできず、枯木が積み上がるばかりだった。これが後に私たちが利用する石炭の起源となる（だからこの時代を石炭紀と呼んでいる）。石炭紀の終わり、二億九〇〇〇万年前頃に担子菌類は、リグニンを分解する能力を獲得し、地表に溜まり放題だった炭素を二酸化炭素とし、また他の生物が利用可能な循環の輪に戻すことができた。これによって、落葉や枯枝が土に還るプロセスができたのだ。きのこは、日陰者の地味な存在に思われているが、これは地球レベルの偉業だと思う。

こんな風に菌類と言えば分解だろうと、確かに考えてしまうが、じっくり見渡すと、いやいやそれだけのキャラではないのだ。第一章に〝菌類とは、光合成をおこなわない従属栄養の生物であり（と書くとやはり例外がいる）〟と書いた。確かに一属一種のみだが、菌類でも、独立栄養、光合成！をおこなうモノがいる。それがゲオシフォンGeosiphon（属名がそのまま一般名称になっている）だ。この菌は、藍藻《らんそう》のネンジュモを膜で包み、自らの細胞内に住まわせることで、自ら光合成をするケカビ門の一派、グロムス亜門の菌類だ。ドイツとオーストリアの限られた場所で、土の中から全長一・五㎜程度の小さな緑色のマッチの先程の細胞（嚢状体）が集まった群落が見つかっている。共生する藻類は、一種類ではなく、実験的には、異なる藻類でも細胞内共生が成立する。

ゲオシフォン

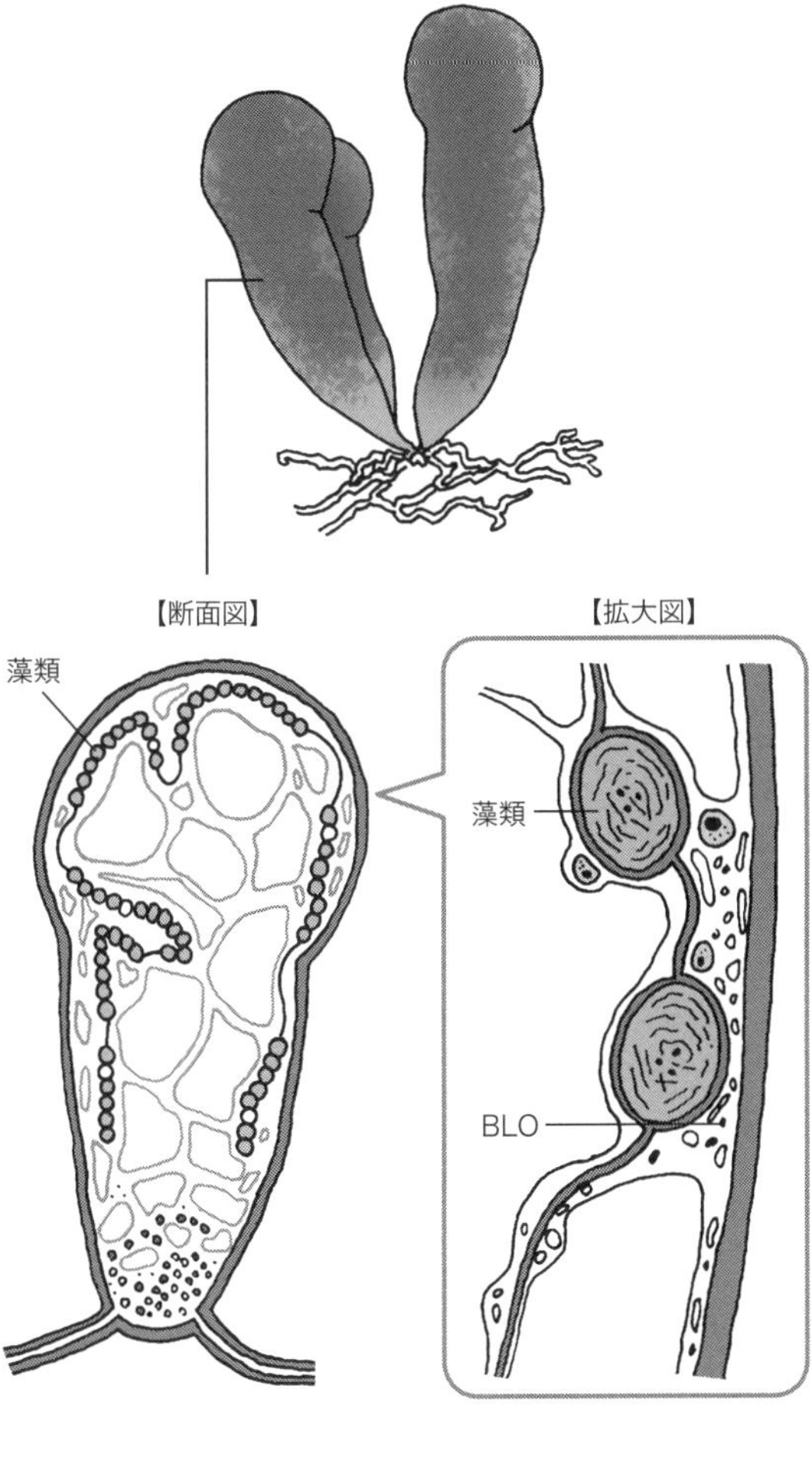

また、膜に包まれていない（細胞質に浮かんでいる）、細菌みたいなモン（BLO：bacteria like organisms）も存在している（これは動植物への寄生に特化した、細胞壁をもたないことを特徴とするモリクテス綱 Mollicutes の細菌であることが判ってきた。ただ、深海にはこの系統の細菌で自由に生活できるモノもいる）。長年、本種を研究してきたグループでは、本種は中欧に広く分布すると考えている。これ以外にも、例えば日本にはいないのだろうか？　青森県が誇る景勝地である奥入瀬《おいらせ》とかで探してみたい。

細胞内に光合成をする他人を入れる菌類は、今のところゲオシフォンだけだ（細菌などが細胞内に入り込んでいる例は多いし、先に紹介したように菌類の中にウイルスが入ることもある）。また、光合成をする生物と共生する菌類は、他にもたんといる。植物の根と共生する菌根菌や、それ以外の組織にも存在する内生菌（これが完全な共生菌だとは言い切れない部分もある。例えば葉が落ちると、内生菌は宿主である葉を分解する。失道した王に仕えた麒麟《きりん》が使令に喰い殺されるのと似ている気がする）、藍藻や藻類と共生？する子嚢菌・担子菌は地衣化する。

地衣は、菌側からすると共生だが、光合成する側から見ると大分割が合わないらしい。

共生菌は、藻類からエネルギー源を得ることができ、さらに藍藻は空気中の窒素をも固定することができる。このため藍藻から窒素化合物を得ることができ、お得感が高い。

一方、藻類側から見ると菌のつくる安定的な構造の提供や、乾燥・強光からの保護、菌類から代謝物質の提供もあるのだが、光合成でつくる代謝物をもっていかれるのは辛い（ショバ代が高く、稼ぎの多くを持っていかれ、行動の制限を受ける。こう書くとかなりブラックだな）。このため相利共生ではなく、藻類は菌類に搾取！ されているという意見もある（搾取なんて言葉を科学的な解説で使うとは思わなかったが、まあそうだと思う）。

しかし、双方言いたいことはあると思うが、藻類＋菌類の合体技で、両極を含む極限環境に進出していることは事実である。今後も組合せを増やすことがあっても、コンビ解消が無いようにして頂きたいので、人としても見守っていきたい。

分解者としての菌類がさらに進むと、生きた生物にまで手を出すことになる。ありとあらゆる植物に感染する植物病原菌（なにせ銅などの殺菌成分をため込んでも、うっかりすればカビるのだ）や、冬虫夏草など昆虫に感染する菌類がいる（この極めつけは、洞窟など限られた場所に住む昆虫の一種類にしか寄生しない菌類だ。偏食を極めることで別種にまで進化するのが、ただただスゴい)。

そして私たち脊椎動物に感染するものがいる。多くの場合、どの宿主に感染するかターゲットを絞って対応(進化)するものだと思うが、ワイルドカード的にどこでも対応できる結果、人に感染して目を付けられる菌もいる。プロトテカ・ウイッカーハーミィ *Prototheca wickerhamii* は、系統的に単細胞緑藻のクロレラに近く(スーパーグループは、アーケプラスチダ)、葉緑体を失ったためぱっと見は酵母に見える。この広義の菌は、樹液から発見された後、湖水どころか汚水処理場などにも存在し、あまつさえ動物やヒトにまで生活の場を広げた結果、厄介者扱いされている。

藻類と言えば、葉緑体をもつことで文字通り霞《かすみ》(に含まれる二酸化炭素)を食べて生きるストイックな生活を送っていると思っていたが、これを失い、破戒僧的になることで強欲な気質に変化したのだろうか(細胞壁の構造や成分が、クロレラとは異なることから、光合成を失ったプロトテカにも紆余曲折《うよきょくせつ》があったことが偲《しの》ばれる)。

個々の菌は偏食でも、菌類の食の多様性が進むと共に、餌の取り方も多様になる。例えではなくマジで、狩りをする菌類がいる。捕獲装置となる菌糸は小さいので（菌自体が小さいとは、必ずしも言えない。現存する最大生物は、北米のナラタケの一種 *Armillaria bulbosa* だ。四四〇ｔの重量を誇る一つの菌糸が九六五ヘクタールも広がっている）、獲物もおのずとアメーバや線虫などと小さくなる。

菌糸に粘着性の物質をまとわせるその名の通りのトリモチカビ門（もしかすると若い読者には、ぴんとこないかも知れないが、鳥黐《とりもち》は、鳥や虫などを捕獲するための粘着性の高い物質である。これを濡らした手で竹竿《たけざお》などに塗って、ギンヤンマなどを追うのだ。少なくとも昭和五〇年代、東京品川区戸越公園そばにあった雑貨屋には売られていた。このネバネバがいつの間にかシャツやズボン、あまつさえ何故《なぜ》か自分の髪について、帰宅後、母に説教されることになる）や、子嚢菌では、さらに菌糸が円形となった、まさに待ち伏せ型の〝くくり罠《わな》〟と同じ構造になったものや、さらにこの罠に線虫が掛かると締め付けるなど手が込んでいる（罠は三本の菌糸＝細胞で構成され、線虫が入るとこれが膨張して捕まえる）。担子菌にも線虫捕食菌はおり（身近なところでは、栽培品が食卓にあがるヒラタケ *Pleurotus ostreatus* がある）、粘着物質と麻痺《まひ》性の毒！を組み合わせて捕獲する（この線虫に麻痺性の毒をぶっこむ構造物がトゲトゲに満ちた、中世欧州の血で血を洗う武器に似た禍々《まがまが》しさを感じる）。

ヒラタケの場合、線虫が皆持つ感覚繊毛（外部からの感覚刺激の受容器官）を通じて、神経筋系に大量のカルシウム流入（これにより筋収縮が起こる）と急速な細胞の壊死《えし》がおこる。また、卵菌には、シストが発芽すると銃細胞gun cell（名前からして恐ろしい。せめて刺胞的な表現がいいなぁ）に変化し、捕鯨船の銛《もり》みたいに針を使って、線虫に胞子嚢を注入する。ツボカビ類にも線虫捕食菌がいることから、菌類は、ほぼまんべんなく狩りモノがいる。線虫捕食菌は、獲物となる線虫の存在をどのように感知しているのだろうか？　分かっていることを記すと菌類は、線虫が分泌するアミノ酸などで、その存在を感知し、待ち伏せているようだ。

前章で紹介したが、無性・有性を問わず生殖は、菌類の重要なイベントである。植物が匂いや蜜で昆虫を集めて、花粉を運んで貰《もら》うように、菌類にも胞子分散に他の生物を利用するものがいる。基本的には、植物と同じ戦略を菌も採用しているようだ。酵母は、樹液や果実など自らを甘やかせる環境に多く、そして花にもいる。果実や花から分離さ

線虫捕獲菌

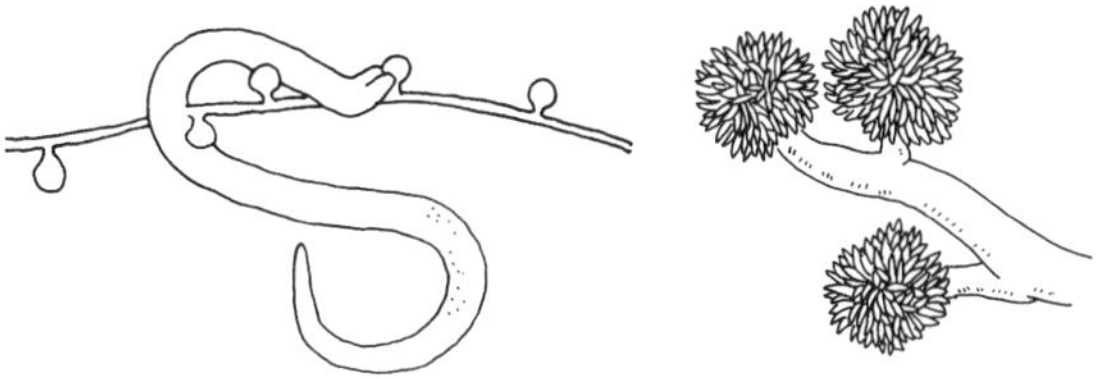

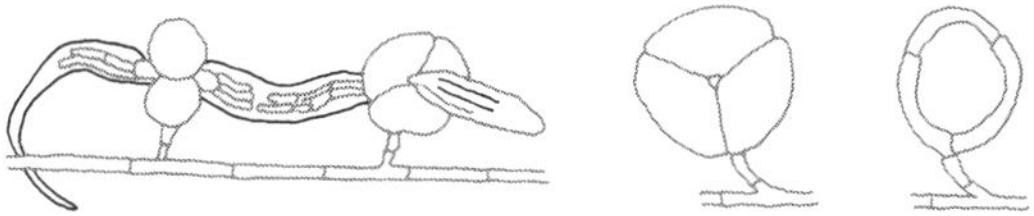

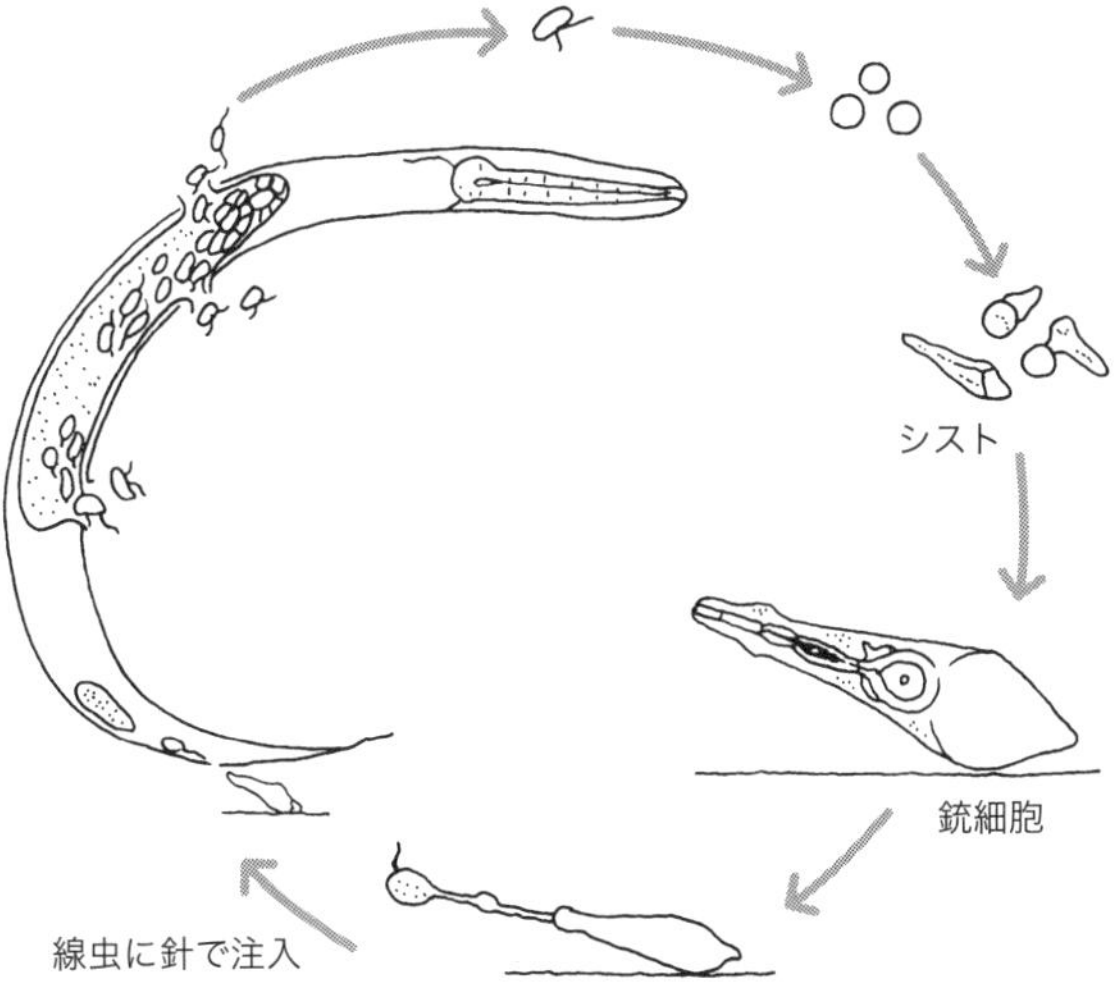

れた酵母には、培養すると芳香（これが日本酒なら吟醸香となる）モノがいる。蜜を頂く代わりに、匂いを増して多少なりともお返しするのだろうか（このため単純な蜜泥棒、科学的な表現では盗蜜者として非難できない一面がある）。実際にハチドリが受粉する植物に人工的に細菌と酵母それぞれを接種すると、細菌の接種では繁殖の成功率が下がるが、酵母では下がらない。

担子菌のシラタマタケ *Kobayasia nipponica* は、松林などの土壌に半ば埋まった形で見られる蚕の繭のようなちんまりしたきのこである。彼らもまた、酵母のような匂いを出すことでハチを呼んでいる。それもスズメバチだ。栄養価的にもスズメバチの好みに合わせているらしい、これにより胞子分散をおこなっている。子嚢菌で植物病原菌の麦角菌 *Claviceps* 属菌では、感染により蜜量が増え、周りの植物への感染が進むものがある。ここまで行くと寄生菌のやりすぎ感が強く、宿主のメリットは、全くないだろう。

受粉にハチではなく、ハエを選ぶと臭いも変わってくる（においの漢字も異なる）。世界一大きな花のラフレシアは、ハエが送粉者なので臭い（また、世界一臭い花とも称されるが、いずれもショクダイオオコンニャクと覇を争っている。また、新たな大きさの定義を引っ提げた、コオリバヤシもある）。

同じようにハエ類に胞子を運んで貰うきのこに担子菌のスッポンタケ*Phallus impudicus*（学名の由来は、ちょっとここで示すのは、はばかられる位お下劣だ。その点、和名は、上《う》手《ま》くまとまっていると思う）とその仲間がある。きのこがあるとその姿が見えなくとも、臭いで居るのが分かる（過去には、こうして幻のきのこだったアカダマスッポンタケ*P. hadriani*の再発見に立ち会ったこともある）。臭いのは当たり前で主成分は、メタンチオール（腐った玉ねぎあるいは、屁《へ》とか口臭の成分）と硫化水素（腐った卵の臭い）とくれば納得がいく。メタンチオールは、これをばら撒《ま》いて営業妨害するくらいの代物だ（さすがにスッポンタケなどが群生して、苦情が出たことはないらしい）。

同属にアカダマキヌガサタケ*P. rubrovolvatus*というきのこがある。中華の高級食材、キヌガサタケ*P. indusiatus*と同様に傘（正確には、スッポンタケの場合は、グレバと呼ぶ。この表面に担子胞子ができる。スッポンタケの臭いの元は、このグレバの粘液である）の付け根から可憐なレースが付いている。私の手元に胞子を観察して欲しいと届いた生のアカダマキヌガサタケは、やはり臭うのだ。しかし、同封の手紙を読むと、採集時は、ほとんど臭いはしなかったとのことだ（キヌガサタケのグレバは糞臭《ふんしゅう》がするのに対して、アカダマキヌガサタケは果実臭と称される）。

気になって、顕微鏡を覗《のぞ》いて驚いた。視野いっぱいに大量の酵母状の細胞が見えた。アカダマキヌガサタケの担子胞子は、卵形だ。担子柄《たんしへい》は子実体が成熟するにつれて解けてしまうので観察できない。この菌の担子胞子だけを観察しても酵母のように見えるのだろうが、大きさが不揃いすぎる。よくよく見るとビール酵母のように出芽しているモノもいる。これはやはり酵母ではないかとの疑惑を強めて、この菌を分離・培養することにした。

培地にレースの一部を塗り付けると、簡単に培養することができた。しかし驚くべきことはまだ続く。培養した酵母自体が臭うのだ！となると私の手元に届いたアカダマキヌガサタケの臭いのもとは、この酵母たちかも知れない。

スッポンタケの悪臭の一つであるメタンチオールを *Geotrichum candidum* という酵母も生産する。本種は代表的な土壌酵母であり、人の皮膚や糞からも高頻度で見つかる酵母だ。本菌の名誉のために記しておくが、この酵母は臭いだけではない。カマンベールチーズにも利用されている。本属では種あるいは菌株によっては、かなりの芳香を放つものも知られている。私がアカダマキヌガサタケから分離した酵母の種類とは別に、この酵母の来歴に興味がある。仮にこの酵母が *G. candidum* と類縁の菌と仮定して、思い巡らせると妄想が止まらない。

スッポンタケの仲間は、グレバの臭いでハエなどの虫を集め、集まった虫たちに胞子を分散してもらう戦略を取っていると説明される。だから臭うのだ。だが、アカダマスッポンタケもアカダマキヌガサタケも若い子実体は、果実臭やゴボウ臭がする。つまり子実体は、最初はあまり臭わないのかもしれない。グレバの臭いに引き寄せられる虫たちは、同じような臭いの動物の糞などに当然立ち寄ったり、その周辺を生活の場にしているだろう。

スッポンタケなどのグレバに集まり、その担子胞子を運ぶだけではなく、虫の体に付着した菌類を残していくことも想像できる（旧腹菌類全般に詳しい慶応大学の糟谷《かすや》大河《たいが》博士によれば、スッポンタケなどの子実体には多様な菌類がいるそうだ）。グレバを訪問した虫たちの置き土産の酵母によって、子実体の〝臭い〟が増強されることは、スッポンタケたちにとって望む戦略なのだろうか？あるいは、自らが作る化学物質だけを本当は利用したいのに、色んな臭う奴らが集まってきて迷惑しているのだろうか？　個人的には、短時間で子実体がしおれてしまうことを考えると、前者に分があるように今は考えている。なお、分離した酵母は、一般的に菌類の培養で使用するジャガイモ抽出液に糖を入れて寒天で固めた培地で培養すると、徐々ににおいが変わってきた。アカダマキヌガサタケから移った先の事情を思案中かも知れない。

菌が感じ、考える

私たち人は、目に見える動植物が季節を感じ、環境を認識していることは理解できる。だが菌たちも同じように感覚があり、考えていると言われると？となるだろう。身近な菌となると一年中出回る発酵食品や栽培種のきのこなので、そう疑問に思われるかも知れない。しかし、きのこに旬があるように、菌たち（これは細菌類をも含んでいる）は、光を感じ、温度や化学物質の濃度変化によって周りの環境を認識している。きのこの旬

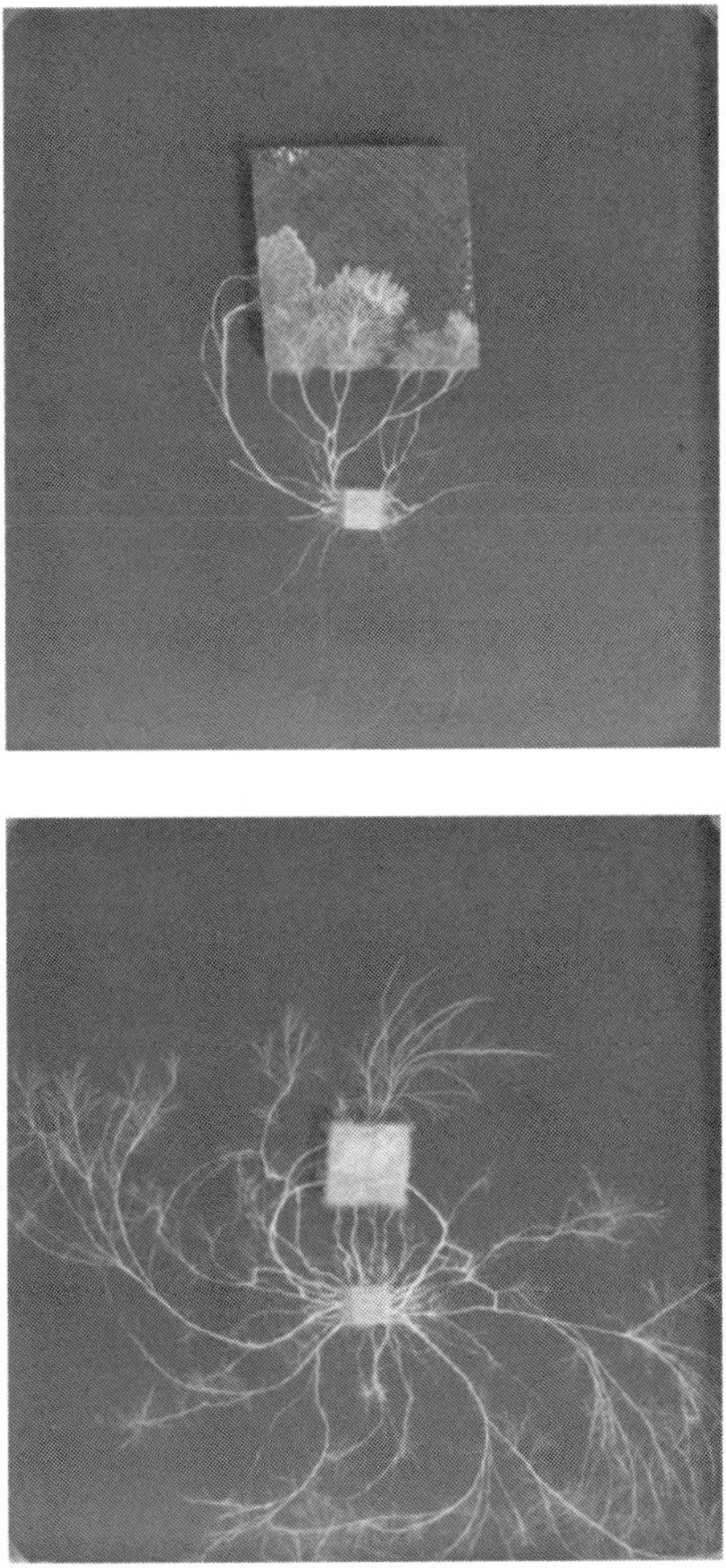

上は大きい餌の場合。下の小さい餌の時には
菌糸を広げ他にも餌を探索する
写真提供：深澤遊博士

は？と問われると秋だと答える方が多いと思う。だが、春にきのこを出す種も多い。一定の温度に達したときにきのこを出すならば、春にも秋にもきのこが出ていいと思う（実際、エノキタケ *Flammulina velutipes* のように二シーズン制のきのこもある）。ワンシーズンのきのこは、春の温度上昇、秋の下降の傾向の違いを判断して振舞っているように見える（無論、他の解釈も可能だと思う）。その場の温度を認識する以外に、その移り変わりを予想できるなら、時間経過を記録しているのかも知れない。

広義にはなるが、変形菌のモジホコリ *Physarum polycephalum* の変形体は、過去の生活環境の履歴を覚えており、以前と同じ環境に放たれると、次の手を予想して行動する（植物では、さらに進んで遺伝子を修飾することで記憶することまでが分かっている）。また、担子菌チャカワタケ *Phanerochaete velutina* の菌糸体は、たどり着いた餌の大小を判断する。

餌のサイズが小さければ、他にも探索をおこない、餌が大きければこれに集中する。つまり脳どころか、感覚器官や神経系もない変形体（おまけにこっちは、ディスってる訳ではないが、多核だけど単細胞だ）や菌糸体は、自分が置かれた状況を認識して、行動していることが分かってきた。菌類は、それほど目が良いとは思えない。明暗や色（波長）は認識できるが、多分物体自体の認識はできないと思う。ただ器官としての目を必要としないので、死角はない。菌糸体をみると、細胞が大きな機能分化をせずに、味覚あるいは嗅覚（化学物質の濃度変化）と触覚を頼りに（これらがどの程度、他の生物に比較して優れているか判断する術《すべ》を、私はもたない）判断しているのだろう。環境に適応し、他の生物の存在までも認識して振舞うように見える菌類の記憶や判断が、どのようになされているのか、今後の研究の発展を期待したい。

第四章　なまらすごいぜ！　菌類（略）

本章は、本来「なまら（北海道）・たげいびょん！（青森／津軽）・べらぼう（東京／いや、これは標準語の古語か？）・どえらい（愛知／名古屋）・ぶち（広島・山口）すごいぜ！　菌類」として、各地のお国言葉で〝とても〟を入れるつもりだったが、思いの外多くあって←当たり前だ、このため私が生活したことのある地域を北から順に挙げた。私は、現在青森県八戸《はちのへ》市在住で、ここは本来南部弁なのだが、調べていたら津軽弁のインパクトのある表現に圧倒されて採用した。これは〝めっちゃいい〟の意味だ。今は同じ県内なので許して欲しい。

人が認めたそのすごさ

人と菌類の出会いの始まりは、やはりきのこかも知れない。読者の皆さんは、日本が誇る世界最古のきのこフィギュア、〝きのこ形土器〟をご存じだろうか。北海道南部か

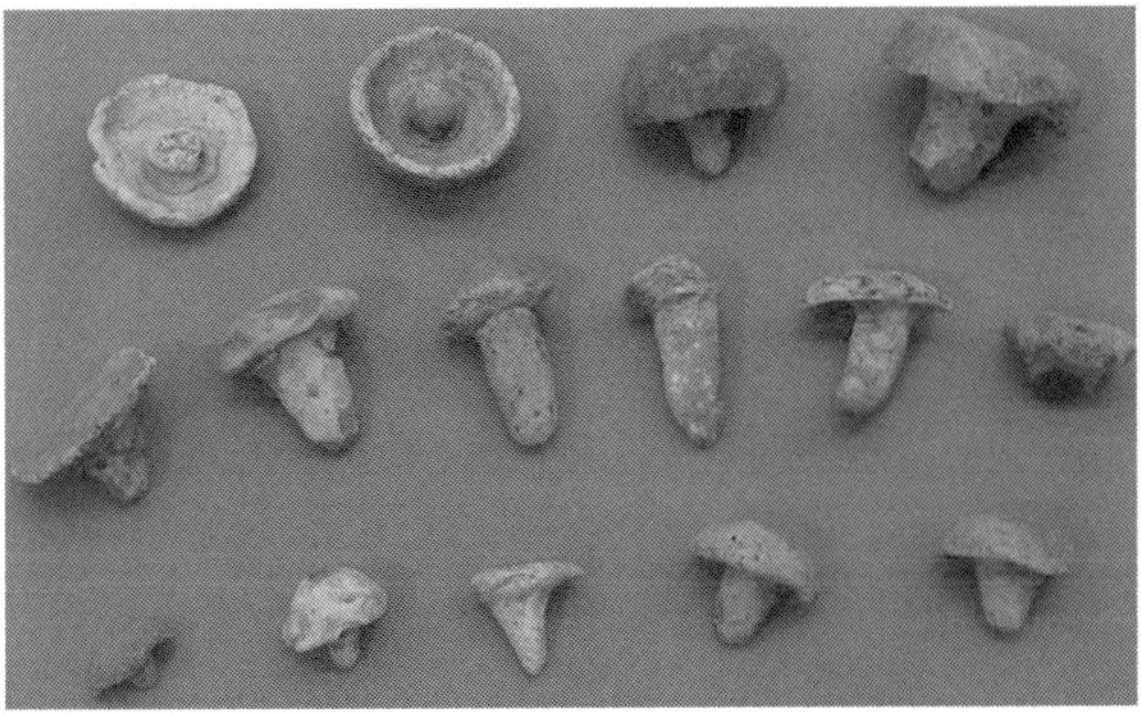

丹《たん》後《ご》谷《や》地《ち》遺跡より出土した“きのこ形土器”（八戸市立博物館蔵）

ら東北の縄文遺跡（縄文中期後半、二〇〇〇年前〜後期前半、一五〇〇年前）から出土したそれは、きのこでしょ、これ！としか言えない形をしている（が、取っ手のついた蓋との意見もある。

しかし、取っ手が傾《かし》いでいるのもあるのだ。地面に転がった枯木の側面から発生するきのこなら、こんな形態もあるだろう。でも円形の容器の蓋としてのユニバーサルデザインなら、こんなことはないと思う。縄文人は、未開だからこんなもん？と言うのは、今の私たちの驕《おご》りだろう。一方向に流れる時間の先端に乗っているだけで、〝考えることのできた／できる〟個々の能力に本当に差があるのか分からないと思う。きのこ形土器には、残念ながらきのこの特徴の一つであるひだや管孔（担子菌 *Suillus* イグチ属などにみられる傘の裏にある管状の構造。ここから胞子が出てくる）が無いのだ。他の土器には細い細工があるのだから不思議だ。

このきのこ形土器を、きのこのフィギュアとみなすならば、現在もよく知られている食用きのこの形態が多いことから、その用途は立体きのこ図鑑だと思う。きのこ形土器は、主に約五〇〇〇年間の限られた時期に出土するが、なぜこの期間だけなのか？　これも子細不明である（一〇世紀中葉とされる青森県浪岡《なみおか》町の野尻四遺跡から再び出土するが、調査した研究者は、リアルさに欠くと記している）。その後、リアルなきのこフィギュアは、一八〇〇年代に欧州で高等教育に広く使用され、一八九〇年には国内でもその製造が始まる。そして二〇〇〇年代に入って、ガシャポンで大ブレイクする（私が知っているのは、二〇〇三年販売のYujin社の〝タベタラキケン‼毒キノコ〟シリーズなのだが、もっと古いものがあるだろうか？たまたまガマノホタケに形態が似ているところもある担子菌 *Gomphus floccosus* ウスタケが入っていたので覚えているのだが、こういった資料は意外に歴史をたどるのが難しい）。

立体ではなく、描かれたきのこならば、さらに遡ることができる。スペインのセルバ・パスクアラ遺跡の壁画には、八〇〇〇～六〇〇〇年前に描かれた担子菌シビレタケ属の一種、*Psilocybe hispanica* とされるきのこがある。このきのこは、悪名高いマジックマッシュルームなので、食べれば幻覚を見る。日本では、麻薬指定された生物だ。こうした幻覚性きのこの影響なのか、擬人化されたきのこの壁画がサハラ砂漠（アルジェリアのタッシリ・ナジェール遺跡）やシベリア（チュクチ：ベーリング海峡を挟んでアラスカの反対側）から見つかっている。現在のロシア・カムチャツカ州に住むイテリメン族の神話には、*Amanita muscaria* ベニテングタケが男をたぶらかす娘として語られる。しかし、トランスに入っても腹は膨れないしなあ。しかし、擬人化されたきのこは、妄想を誘う。壁画や神話のきのこは、宗教的な催事など晴れの出来事であるのに対して、縄文のきのこ形土器は、当時の人々の日々の暮らしを示しているのかも知れない。この点でも縄文のきのこフィギュアは、興味深い。

現在、ベニテングタケは、毒きのこにもかかわらず、四つ葉のクローバーなどと共にラッキーアイテムとして欧米では扱われている。ただ、このきのこを食べても多くの場合、死ぬわけではない。興奮するのだ。このため、キリスト教化以前の北欧では、ベニテングタケや同属の *A. pantherina* テングタケを食べて、興奮状態で戦に挑んだ。後にベルセルク、狂戦士《パーカーサー》と恐れられていたのは、このような効果によるものだろう。ただし、きのこは均等に配分される訳ではなく、上司はきのこ本体を食べるが、下々は上司の尿を飲まされる（！）ので効果は弱められる。このベニテングタケの興奮剤の正体は、イボテン酸と言う化学物質だ（テングタケ属の毒性成分は、他にもある）。英語でも

スペインのセルバ・パスクアラの壁画　©iStock.com/jpereira_net

サハラ砂漠のタッシリ・マッシュルーム・マン(壁画をイラスト化したもの)

ibotenic acid と綴《つづ》るこの化合物の名は、*A. ibotangutake* イボテングタケからの命名だ。だから和名の意味が解らないと、その名の由来が解らない。さらにイボテン酸は、きのこを保存しておくだけで、ムッシモールという化合物に変化する。この過程で人に対する効果は、1／5から1／10に減少するのだが、いずれの化合物も人に影響を及ぼし、脳を興奮させて、その働きを阻害する（武器を持った輩《やから》が、興奮したうえで、判断が鈍っているのだから極めてたちが悪い）。

その生理作用とも連動しているのだが、イボテン酸を含む毒きのこは、美味《うま》いのだ。昆布の旨味《うまみ》が、アミノ酸であるL－グルタミン酸であることを知っている人は多いと思う。L－グルタミン酸を含む食品を食べると、舌にある味を感じる細胞（味蕾《みらい》）でL－グルタミン酸を認識し、旨味を感じる。イボテン酸は、L－グルタミン酸よりも一〇倍も強く認識されることから、低濃度でもより美味いと感じるのだ。やがて血液を通じて脳に達し、抑制性の神経伝達物質であるγ－アミノ酪酸（通称GABA、チョコとかサプリメントとして、ストレスを下げる効果などが知られている）を認識するタンパク質を抑制し、神経伝達物質の放出が抑制され、頭が働かなくなるのだ。そんなものでも美味いと聞けば、食べたくなるのが人情である。日本では、テングタケなど比較的毒性の弱い（しかし、調子に乗って食べ過ぎれば死ぬこともある）きのこを塩蔵にしたり、味噌《みそ》漬けにして食べている地域もある（猛毒のフグの卵巣も糠《ぬか》漬けにすることで、無毒化される。この仕組みは未《いま》だ不明である。当初、糠床に含まれる微生物の効果と推定されていたが、分離された微生物にテトロドトキシン分解能力は無かった）。北欧のシャグマアミガサタケのことを思い出して欲しい。かくも人の業《ごう》は深いのだ。

とは言え、人との関りNo.1は酵母だろう

恐らく世界中で最も培養されている菌類は、酵母 *Saccharomyces cerevisiae*（以下、セルビシエと略称）だろう。世の東西南北で発酵に好んで使用される菌は、麴菌《こうじ》だったり、アオカビやテンペのようなケカビだったりするが、発酵でセルビシエ（ここでは、日本で広く使用されている種小名、学名の後半部分の英語読みを採用した。ラテン語読みは、当然異なる）を使わない地域はないだろう。パンの製造から各種酒類の醸造に使用されている。ただし、ワイン酵母の一部は、セルビシエではなく、同属の *S. bayanus*

（以下、バヤヌスと略）を使用している。両者は、同属内でも非常に近く、お互いに交配することができる。こうしてできた菌株が、ラガービールの製造で使用される下面発酵の*S. pastorianus*（以下、パトリアヌスと略）とされてきた。この部分は、非常に面白いので後述する。また、南極大陸の土からもセルビシエは見つかっているが、相当のレアケースだと思う。私が昭和基地に行った際も各方面から依頼を受けて、土壌など微生物分離のための試料を採集した。麹菌やセルビシエなどの分離をおこなったが、全く取れなかった。

セルビシエは、このように発酵で広く使用されているため、様々な角度から微に入り細に入り調べられている。セルビシエの生活環は、単相nと複相2nの二つの円がつながったものであり、単相の酵母は、ヒトを含む真核生物のモデルとして、複相の酵母は、主に発酵など産業に利用されている（ので、毎年凄《すさ》まじい数の論文が出版され、特許が公開される。研究者と言えども、リアルタイムでセルビシエの全貌を知ることは、極めて困難だ）。このため、ゲノム、遺伝子全体をも丹念に調べられた菌株が複数存在し、菌株全体のゲノム比較ができる。これまで遺伝子解析の結果を利用してとか、複数の段落で記してきたが、多くの場合、どの菌も持っている遺伝子の一部を比較しているだけだ。遺伝子全体を眺めることで、大きく発酵と言っても食品ごとに異なる菌株を使用する意味を、生物の設計図から判断しようとする試みだ（と言ってもモデル生物として長年研究されてきた大腸菌やセルビシエでさえ、未だ解読できない情報がある）。セルビシエは、エールビール製造に使用される上面発酵酵母系統群が二つの他、清酒／焼酎酵母群やワイン酵母系統群など、同種とくくられていてもやはり用途ごとにゲノム構造自体が異なっている。

この菌株間のゲノム比較から興味深いことが判《わか》ってきた。ラガービールの酵母、パトリアヌスは、エールビールのセルビシエの先祖様とバヤヌスの交配で生じたと記した。ところがそのバヤヌス自体も、醸造時の汚染酵母である同属の *S. uvarum*（以下、ウバラムと略。いくらセルビシエが発酵に優れた菌だとは言え、親族にはちょっとイケてないモノがいてもおかしくない。ただ、この種は、ノルウェーでセルビシエと交配して農家の自家製ビールの菌になっている）と何者かとの交配株である。この何者かは、しばらく謎であったが、南米パタゴニアのナンキョクブナの木瘤《こぶ》（子嚢菌《しのうきん》キッタリア属

Cyttaria hariotii の子座、子実体を生じる菌糸構造。この場合、木の幹がこぶ状に膨らむ）から分離された酵母 *S. eubayanus* であることが判った（以下、ユーバヤヌスと略。種小名は、真・バヤヌスの意味。シン・ゴジラにかけて解説しようと思っていたが、〝シン〟は受け手によって様々な解釈：新・真・神・志ん？などが可能と説明されているのでちょっと違う）。これには、すごい事実が重なっている。

エールビールの歴史は古く、その起源はメソポタミア文明まで遡ることができる。その発酵は常温で、熟成を含めて二週間程度だ。一方、ラガービールは一五世紀以降製造が始まり、発酵は一〇℃以下の低温で長期間おこなわれる。元々は、エールの発酵に適さないドイツなどの軟水地域で、低温ならばビールができる酵母が発見され、発明された製法とされる。雪室《ゆきむろ》（ここにサザエさんなどで活躍する脚本家の雪室俊一氏の解説などしようと思ったが、いよいよこじれるのでやめておく）などを使用していたが、冷却機が普及する一九世紀に世界的に広がることになる。エールビールのセルビシエに低温発酵性はなく、この性質は、パトリアヌスのもう一人の親から引き継いだものと考えられる。

そこで、このユーバヤヌスが、欧州じゃなく遠く離れた南米パタゴニアで、なぜ発見されたのかと言うと、この酵母を分離した研究グループがアルゼンチン所属だからだ。誰でもまずは身近なところから探索を始めて、〝当たり〟を探すだろう。南米で低温環境と言えば、アンデスの高山か、南に下ってパタゴニアを目指すことになる。さらに彼らは、当たりを引く確率を高めるよう研究をデザインしている。*Saccharomyces* サッカロマイセス属の酵母は、ブナ科の植物から多く分離されているとの文献を参考に、南米でこの植物を探すとなると、ナンキョクブナ属になる（現在は、一属で独立した科として扱われる）。ナンキョクブナ属は現在、アフリカと南極を除く（その名の由来になった位だから化石は見つかる）南半球に広く分布し、ゴンドワナ大陸の分裂により生息域が分断化された生物の代表として語られるスケールの大きな植物だ。加えてキッタリア属の子座からこれを分離したとある。これは、キッタリアの子実体が糖を蓄積し、サッカロマイセス属の酵母が集まるため、これを用いたとある。キッタリアが寄生すると宿主の導管などに菌糸が侵入する、導管などが閉塞《へいそく》を避けるために幹が膨らみ他の部位を通じて樹液を流すようになる。このキッタリアがまたスゴい。日本の菌類愛好家垂涎《すいぜん》のきのこである。本属は、ナンキョクブナ属にのみ寄生し、橙《だいだい》から薄黄色の球状の子実体に成長し、成熟すると表面に多数の穴が開き、赤ちゃん用のおもちゃのボールに似ている。

このきのこは、現地のインディオの人たちの食料となり、〝インディオのパン〟と呼ばれる。どんな味だと思っていたが、サッカロマイセス属の酵母を呼ぶくらい甘いのだ（無味無臭と紹介されているモノがあるので、種による差や、子実体の発達段階、採集後の時間経過によって異なるのだろう↑これは、朝採りのトウキビやアスパラと同じかもしれない）。キッタリアを主食の一部としていたインディオに、南米最南端のフェゴ島のヤーガン族がある（個人的には、日本ではヤーガン族とよく混同されているセルクナム族のソフビを、家人に内密に購入するために奔走した日々を思い出す。彼らは毛皮と動物の脂を身にまとうことで防寒をした。欧州人から野蛮と称され、殺された者も多い。文化や価値観の違いを受け入れない時代の悲劇だと思う。今の時代に異なる文明を持った人たちがいれば、地球規模の問題解決のためどんなアイデアを提示されるのかと思うことがある。さんざん資源を無駄遣いして、いまさら持続可能な……と言う論調を

パタゴニアのきのこ、キッタリア　©iStock.com/burroblando

みると、そう生きてきた人たちを大概殺してきたでしょ、と言いたくなる。アジアの先進国である日本も同じで、日露戦争で得た南樺太《みなみからふと》も森林を全て伐採したら放置すればいいと考えていた。住んでいた人はどうなるのよ)。

ユーバヤヌスの全ゲノム解析の結果から、エールビールのセルビシエの先祖様と本種が交配し、初期のパトリアヌスとなる。こうしてセルビシエの性質とユーバヤヌスの低温耐性が融合することになる。その後、臭いの素となる硫黄を含む硫酸イオンを取り込むタンパク質の不活性化や、相同染色体の一部を失い(ヘテロ接合性の消失)、現在のパトリアヌスに至る。また、ユーバヤヌスの発見前は、パトリアヌスの片親だと思われていたバヤヌスが、ユーバヤヌスの細胞で、その染色体の一部が、パトリアヌスの染色体に置き換わった(〝天然〟の遺伝子組換え)酵母とウバラムが交配した酵母であることが判ってきた。化石の見つかることのない、比較的新しい時代(それでも五〇〇年位は経過している)の新種誕生秘話を大河ドラマでも見るように再現できることはスゴいと思う(だから遺伝子鑑定で隠し子とか見つかっちゃうのだ)。

そして世間で怖いと思われている遺伝子組換えは、頻度は低いが自然に起きており、これが生物進化の原動力の一つになっていることが判って頂けると思う。遺伝子組換えは、それ自体が恐ろしいのではなく、その行為による影響を考え無し（あるいは自らの利益追求のためのみ）におこなうことが恐ろしいのだ。また、パトリアヌスやバヤヌスの誕生は、サッカロマイセス属内の遺伝子組換えで、掛け合わせによる品種改良と同じだと思われるかも知れない。もっと生物的に遠い種間でも遺伝子組換えは、自然に成立する。これも興味深い話なので後述する。

　ラガービール誕生のメインプレーヤーがユーバヤヌスであることは判った。でも彼（学名が男性形なので）が南米出身で、この解説は大丈夫か？と思われる方もいるかも知れない。ビールの本場で、ラガービール発祥の地の一つとされるドイツの主食は、今《こん》日《にち》ジャガイモだ。これも南米出身で、大航海時代に欧州にもたらされた（日本の主食である米もまた、外来だ）。そして、ラガービールの誕生もこの時代だ。想像力を逞《たくま》しくすれば、積極的に人が運んだジャガイモとは別に、ユーバヤヌスたちも人知れず、勝手に移動したのかも知れない。ラガービールは、外来種による思わぬギフトの可能性もある。

戦争の置き土産

セルビシエの発酵能は極めて高く、バンバン、エタノールを生産する（調子が良ければ、一日で密閉容器の蓋を飛ばすくらい炭酸ガスを出し、飲めば酔うほどのアルコールをつくる）。このため多くの生物由来の化合物が化学合成されている今日でも、エタノールは、そのほとんどが発酵法により生産されている。この方法が最も安いのだ。エタノールは、消毒に用いられているように、微生物に対して毒性がある。このためエタノールをつくる微生物は、自らが死ぬほどのエタノールをつくることは普通ない。しかし、人に飼われて進化したセルビシエは、自らの限界までエタノールをつくり、これによって死んでしまう。こんなに尽くす菌の気持ちを知ってか知らずか、セルビシエたちは人に愛され、繁栄している。

また、エタノールを酒として飲む以外に、ガソリンの代わりに燃料として使用する試み、バイオエタノールがあることを皆さんは、ご存じだと思う。当初このエタノールは、トウモロコシやサトウキビのジュースなど酒と同じ原料を用いて製造されていた。しかし、地球規模で見ると食うに困る人が未だいる中で、食料を燃料に用いたらいかんだろうと至極《しごく》真っ当な意見が出て、人々を悩ますことになる。突き詰めるとセルビシエは、密封した容器内（嫌気状態）でグルコース／ブドウ糖のような単糖（糖質の基本的な構造）を食べてエタノールをだす。酒の場合は、穀物などの澱粉《でんぷん》がその原料となり、日本酒では単糖がつながった多糖の澱粉を麹菌が単糖に分解して、セルビシエに使えるようにする。これを参考にして人様の食事に利用しない原料として、木やら草やら稲わらからエタノールをつくる試みが始まる。これらの植物バイオマスと呼ばれる原料から、これまで酒がつくられてこなかったのは、ひとえに単糖にして発酵するのが難しいからだ（木から酒ができれば、森林大国のソ連で常時ウオッカに不足していたロシア人は、いち早く対応していただろう。難しいから皆、自家製どぶろくの蒸留はまだ良いとして、なんとオーデコロンや靴ずみ！からアルコールを摂取しようとするのだ）。

植物バイオマスは、セルロース、ヘミセルロースとリグニンの三成分から主に構成されていることは、前章で紹介した。澱粉とセルロースは、ともにグルコースからできている。しかし、それぞれグルコースのつながり方が異なるので、かたや満腹中枢が刺激されたり食べ過ぎると身になるが、他方は、腹は膨れるが、全て食物繊維とし排出されることになる（これはこれで、今日的には腸内環境に良い筈《はず》だ）。ちなみにホヤの殻皮（外套膜《がいとうまく》）やナタデココは、それぞれ動物や細菌がつくるセルロースだ。セルビシエに食べさせるためにセルロースを分解するには、セルラーゼという酵素が必要になる。植物を餌として食べる菌類の多くは、多かれ少なかれセルラーゼを持っている（セルビシエのような糖食いに特化する方が特殊だ）。特に子嚢菌のカビで*Trichoderma*トリコデルマ属は、このセルラーゼを大量につくる菌として知られている。

この菌が知られるきっかけは、一九四〇年代の第二次世界大戦のソロモン諸島のガダルカナル島での出来事だ。日本軍と激戦を繰り広げた米軍では、綿製の衣類やテントの消耗が著しく、その原因として分離された菌がトリコデルマなのだ（ガダルカナル島の戦いで日本軍は、戦死者以外に大量の餓死者を出した。一方で相手側はこの頃、装備の拡充を図っているのだ。先の戦いで前線での物量の差に加えて、後方での余裕にも大きな差があったことが判る）。

戦後、この菌は、民間企業でさらに改良を加えられていった。戦中は各陣営に分かれて、覇を争った時代なので、平時は必要とされない技術も開発された。これらドイツで開発されたFT合成法による石油代替燃料（こちらは純粋な化学反応である）や日本の嫌気性細菌を利用したアセトン・ブタノール・エタノール発酵の改良などは、現在のバイオマス利用技術の基盤となったものもある。惜しむらくは、敗戦国の日本では、後の追及を避けるため多くの実験結果や資料が廃棄されたらしい。私の専門とする雪腐病菌でも、陸軍登戸研究所にて生物兵器として開発されていた（でも、まず役に立たないと思う）。しかし、色々調べても実験に従事していた一人の証言（それも一行！）しか記録が無く、詳細は不明である。記録が無ければ、当時を生きた人たちが消えてしまうと、その事実も消えてしまい無かったことになる。後日、他国の技術を導入し、この国にはこんな技術は無かったと思うことは、とても残念なことだ。

変わり者の力を借りる

酵素でセルロースを分解して、グルコースがつくれるようになるとこれを原料としてエタノールがつくれる。科学的にはこれでOKなのだが、市場原理がこれを許さない。

コストが合わないのだ。もっと安くつくらなければならない。私事で恐縮だが、バイオエタノールと言えば以前、東広島の研究所に勤務していた頃を思い出す。通りを隔ててお向かいの酒類総合研究所は、一ℓ当たり一万円にもなるお酒の研究をしているのに、こちらは一ℓ一〇〇円にも満たない燃料を目指しているのだ。知り合いも多く、共に行き来があるので、研究の話になると複雑に思うことも多かった。

植物バイオマスからセルロースの他に炭素源となるものを探すとなると、次はヘミセルロースがターゲットとなる。木材は、乾いていれば約五割がセルロースだ。そして二割がヘミセルロースだ。ちなみに精米では九割が澱粉で、主食として選ばれるだけの理由がここにある。ヘミセルロースを分解するには、また別の酵素が必要となるが、これもトリコデルマなどの菌類がつくってくれる。

問題は、ヘミセルロースを構成する成分にある。澱粉やセルロースがグルコースだけで構成されているのに対して、ヘミセルロースは一部違う種類の糖、例えばキシロースを含んでいる。グルコースなどは炭素を六個持っているが、キシロースは五個だ。このため五炭糖と呼ばれている。虫歯になりにくいガムに含まれている成分にキシリトール

植物バイオマスの構成

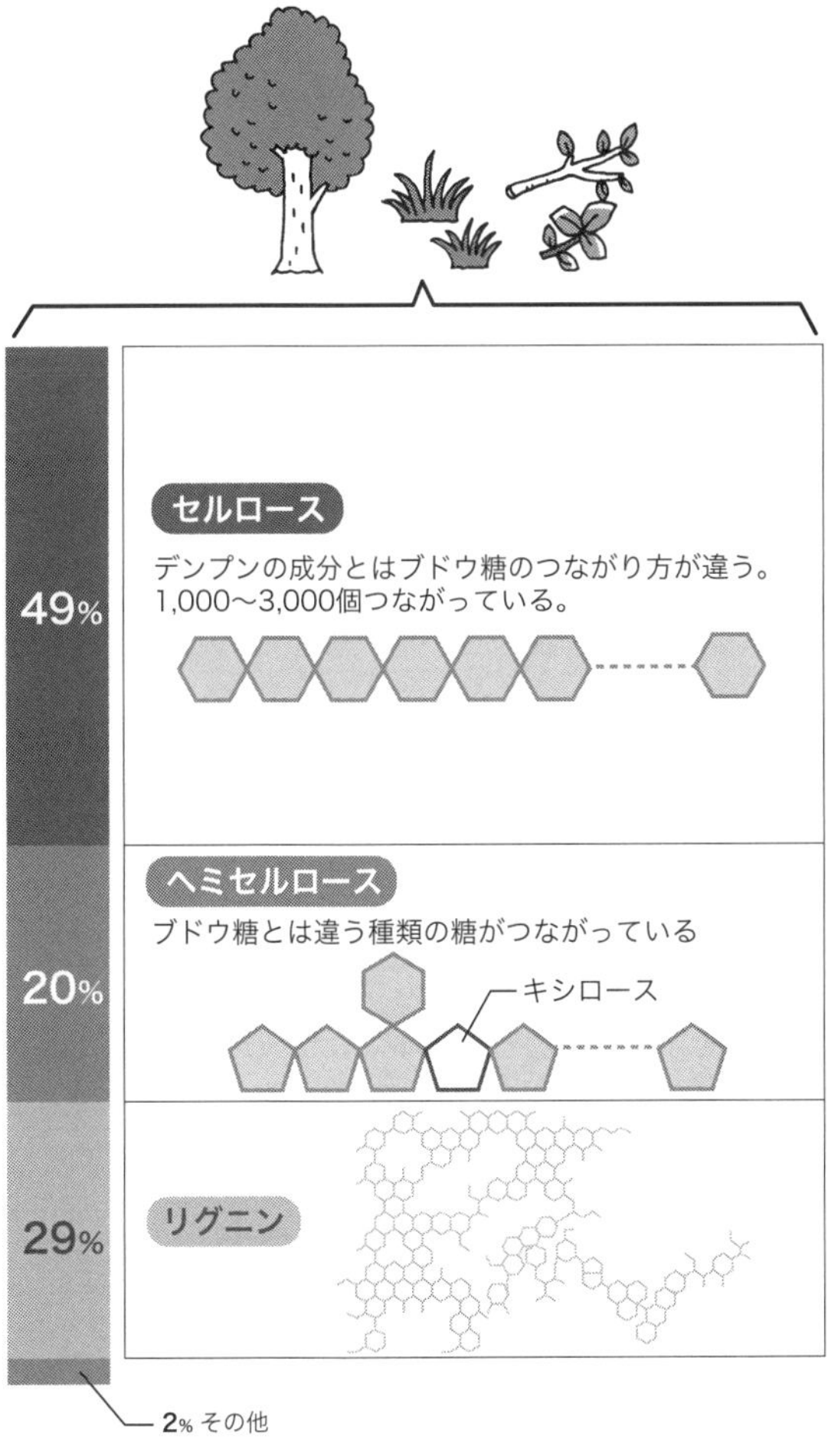

49%
セルロース
デンプンの成分とはブドウ糖のつながり方が違う。
1,000〜3,000個つながっている。
20%
ヘミセルロース
ブドウ糖とは違う種類の糖がつながっている
キシロース
29%
リグニン
2% その他

がある。キシリトールは、虫歯菌に利用できないためだ。名前のよく似たキシロースも同様で食えない（代謝できない）微生物がいる。この中にセルビシエが入ってしまっているのだ。針葉樹ならば原料の糖組成の五％強がキシロースであるが、広葉樹ならば三割、稲わらやサトウキビの搾りかすならば、四割となるともはや無視できない。ならばどうするか。遺伝子組換えで新たな力をセルビシエに与えることになる。

セルビシエが完全にキシロースを食えないのかと言うと、状況は少し異なる。キシロースを食える菌類は、キシロースを還元し、例のキシリトールに変換する。この後、キシリトールを脱水して、キシルロースにすることで代謝する。さらにキシルロースは、キシルロース5-リン酸へと変換され、ペントースリン酸経路を経て、グリセロアルデヒド三リン酸からエタノールになる（詳しい解説は、生化学や微生物学の成書を参考にして頂きたい）。セルビシエは、このキシロース→キシリトール→キシルロースの〃→〃に当たる二種類の酵素を持っていないのだ。キシロースを食べる酵母、例えば *Scheffersomyces stipitis* のキシロース→キシリトールの反応には、主に補酵素NADPHを必要とし、キシリトール→キシルロースの反応には、別の補酵素NAD+を必要と

キシロースの代謝経路

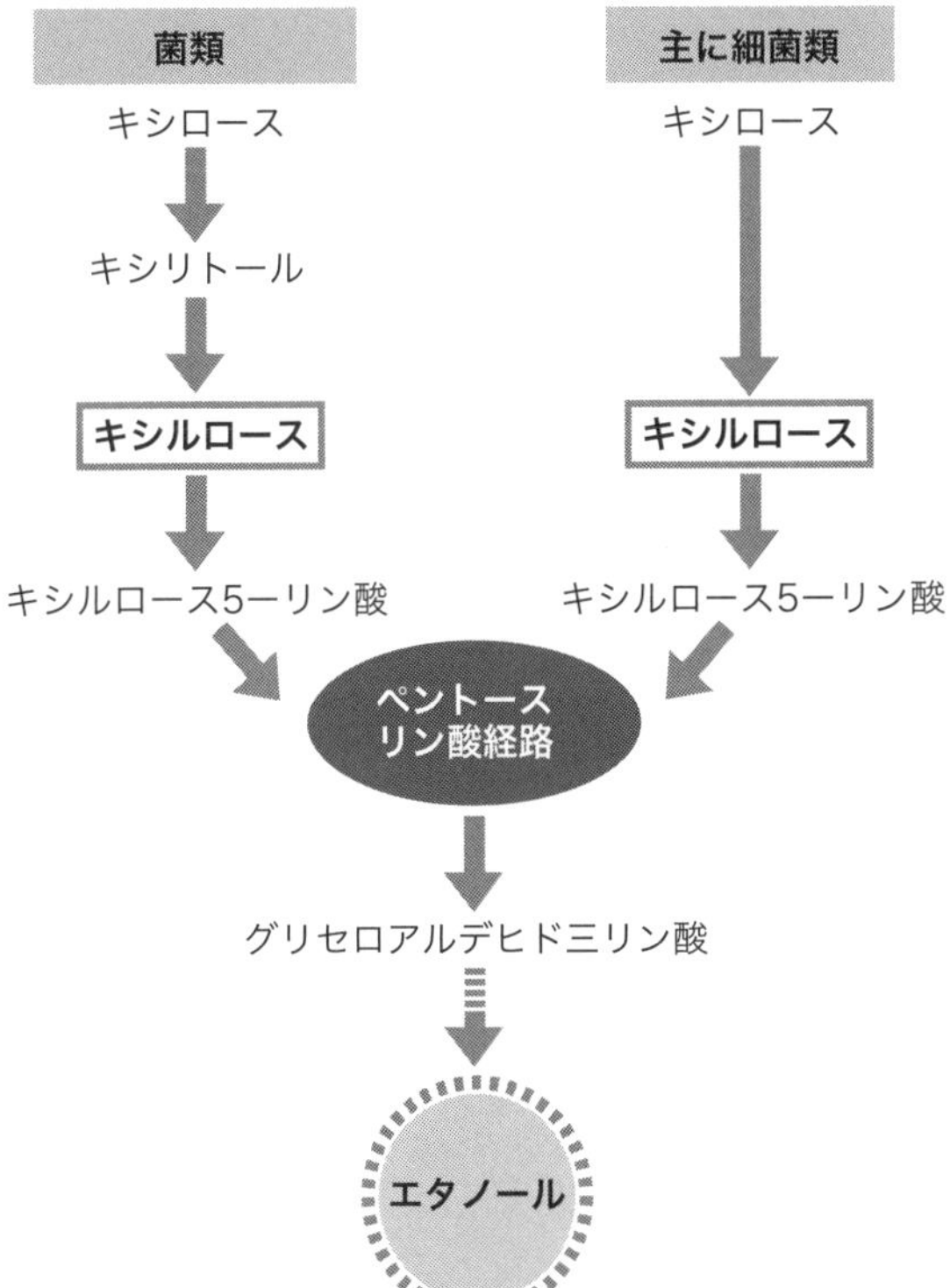
菌類
キシロース
キシリトール
キシルロース
キシルロース5ーリン酸
主に細菌類
キシロース
キシルロース
キシルロース5ーリン酸
ペントース
リン酸経路
グリセロアルデヒド三リン酸
エタノール

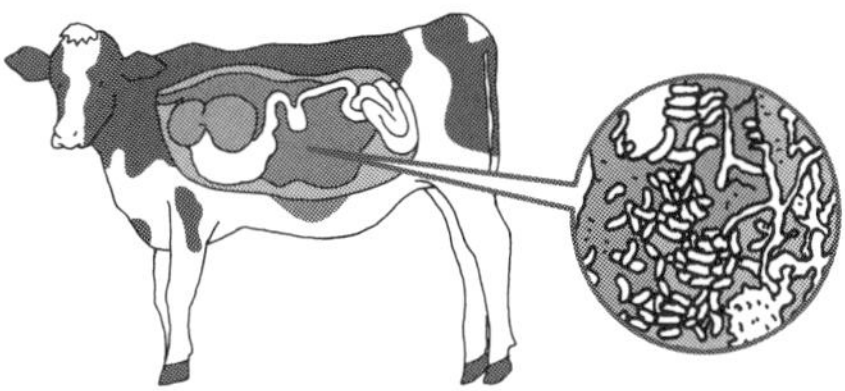

する。補酵素は、酵素反応に必要な低分子のことだ。つまり酵素反応が進めば進むほど、補酵素切れを起こすことになる（サプリメントのコエンザイムQ_{10}も補酵素の一つだ。これは体内の補酵素切れを補うためだ）。この解決策として使用した補酵素をリサイクルすることになる。キシロース→キシリトールの反応に必要な補酵素をＮＡＤＰＨではなく、ＮＡＤＨにすれば、この問題は解決する。キシロース→キシリトールの反応で、ＮＡＤＨを使用し、これが酸化されてＮＡＤ＋となる。このＮＡＤ＋を次のキシリトール→キシルロースの反応に使用することで還元されＮＡＤＨに戻る。菌類ではないが、眠り病の原因の鞭毛《べんもう》虫 *Trypanosoma brucei* の代謝酵素の補酵素特異性がこれに適しているため参考にされている（ただ、この方法は、既に特許化されているので、誰でも使える訳ではない）。寄生生物は、その活動がおのずと宿主の特徴に制限されるため、代謝経路の単純・効率化が起きるのかも知れない。

　また、草食動物の反芻《はんすう》胃には、ルーメン細菌と呼ばれる多数の共生細菌が存在する。彼らは当然、セルロースもヘミセルロースも分解して利用する。そして、これら細菌の酵素は、補酵素なしで一気にキシロースをキシルロースに異性化（分子の組成を変えず、構造のみ変換する反応）により変換する。じゃあ、こっちの方が便利じゃないかと思うかも知れない。そうは問屋が卸さないのが世の常だ。細菌の酵素遺伝子をそのままセルビシエに入れても酵素を上手《うま》くつくれないのだ。

この星の生物は、現在共通の祖先から進化したと考えられている。しかし、地球環境が様々に変化する中で多様な生物が進化し、拡散する中でDNAに示される遺伝子にも〝方言〟が生じてくる。酵素はタンパク質であり、タンパク質は二〇種類のアミノ酸を一本につないだものだ。一個のアミノ酸を表すのに、DNAでは三個の塩基（この塩基の組合せがコドンと呼ばれる）が使われる。

塩基は、アデニン・チミン（RNAではウラシル）・グアニン・シトシンの四種類だ。このためコドンは、$4^3=64$通りある。これを二〇種類のアミノ酸とタンパク質になる配列の最後（終止コドン）に振り分けると、一種類のアミノ酸で複数のコドンを使える（少ないものは、開始コドンでもあるメチオニンの一種類。多いものはアルギニン、ロイシン、セリンでそれぞれに六種類のコドンを使用している）。

タンパク質がつくられる際に、遺伝子配列のコドンを認識してアミノ酸を運ぶ分子として転写RNAがある。この転写RNAの量は、一様ではなく、大腸菌を例にとるとアルギニンの六種類のコドンの最大量と最小量では、一〇倍以上の差がある。そして生物によって好んで使うコドンの種類や頻度に差がある。このため細菌の遺伝子をセルビシエに入れるだけでは、コドンの好みの問題が生じ、ちょっとしか目的の酵素をつくってくれず、簡単にキシロースをバンバン食べてくれることにならないのだ。

全てのコドンをセルビシエの好みに合わせる方法もあるが、タンパク質のつくられ方が必ずしも転写RNA量だけで決まらないところが悩ましい。お手本なんてないだろうと、頭を抱える前によく調べてみるといい。反芻胃に生息する絶対嫌気性の菌類がいる。これまでに何度も紹介したツボカビ門のネオカリマティクス（以下ネオカリと表記）だ。彼らも当然、セルロースやヘミセルロースを分解し、キシロースを食べることができる。

そして補酵素なしで、キシロースをキシルロースに変換する酵素を持っている！　調べてみると細菌の酵素遺伝子を取り込んで使用しているのだ。これも天然の遺伝子組換えだ。ツボカビがもぐりこんだ反芻胃の中には、大量のルーメン細菌がいる。その中には当然死ぬ細胞も出てくる。死んだ細胞は分解され、他の微生物の餌として利用される。

細菌の遺伝子もほとんど分解される。

しかし、ごくまれに全く縁もゆかりもない微生物が遺伝子を取り込んで、それを自分のゲノムの中に組み込んでしまうことがある。また、ツボカビがルーメン細菌を餌として取り込んだところ、遺伝子だけが移行したのかも知れない。これが当人にとって都合の良いモノならば、次のコピーや子孫たちに引き継がれていく。これが遺伝子の水平伝《でん》播《ぱ》だ。家系図をみれば判るように親子やコピー（菌やウイルスにも人が作った家系図がちゃんとある。有名どころは、結核の予防接種に使用するBCGのための菌株。もとはフランスで開発された一株だが、多くの国で使用される過程で性質の異なる菌株に変化している）には、遺伝子が垂直に移っていく。だが稀《まれ》に赤の他人どころか、ドメインやスーパーグループさえも飛び越えて遺伝子が移行してしまうことがある。こんなことがあれば、確かに世界中で三人は似た人がいても不思議ではないのかも知れない。

話をネオカリの酵素に戻そう。ルーメン細菌から頂いた酵素遺伝子は、ネオカリの細胞の中で自分の使い勝手が良いように、でも重要な機能は失わないようにカスタマイズされる。こうしてネオカリにも便利な酵素が出来上がる（書くのはあっという間だが、こうするには随分と長い時間が必要だと思われる）。この件《くだり》が重要なのだ。絶対嫌気性の菌類なんて、こんな菌のこと調べて、何が人様の役に立つんだよと思うかも知れない。でもネオカリは、痩せても枯れても菌類なのだ。彼らが取り込んだ遺伝子は、時間をかけて菌類用に改造されている！　セルビシエにこれを使わない手はない。眠り病の鞭毛虫もネオカリも、生物全体から見ると単なる変わり者かも知れない。ただ、その変わり者の生き方をじっくり調べることで、彼らの戦略を人が知ることができる。そうして得た情報は、巡り巡って私たちに恩恵をもたらすこともある。

暑さに負けず、塩対応も乗り切る

セルロースに加えて、ヘミセルロースも炭素源として十分に利用できるようになると、また新たな壁が立ちはだかる。温度の問題だ。これまでの工程は、大雑把に言えば、植物バイオマスをまず酵素で分解し、できた糖液をセルビシエに発酵させる。より効率的にエタノールを生産するには、酵素分解と発酵を同時におこなえば、時間が短縮化できる。日本酒製造では、酵母が最もエタノールをつくりやすい状態を維持しながら、スケ

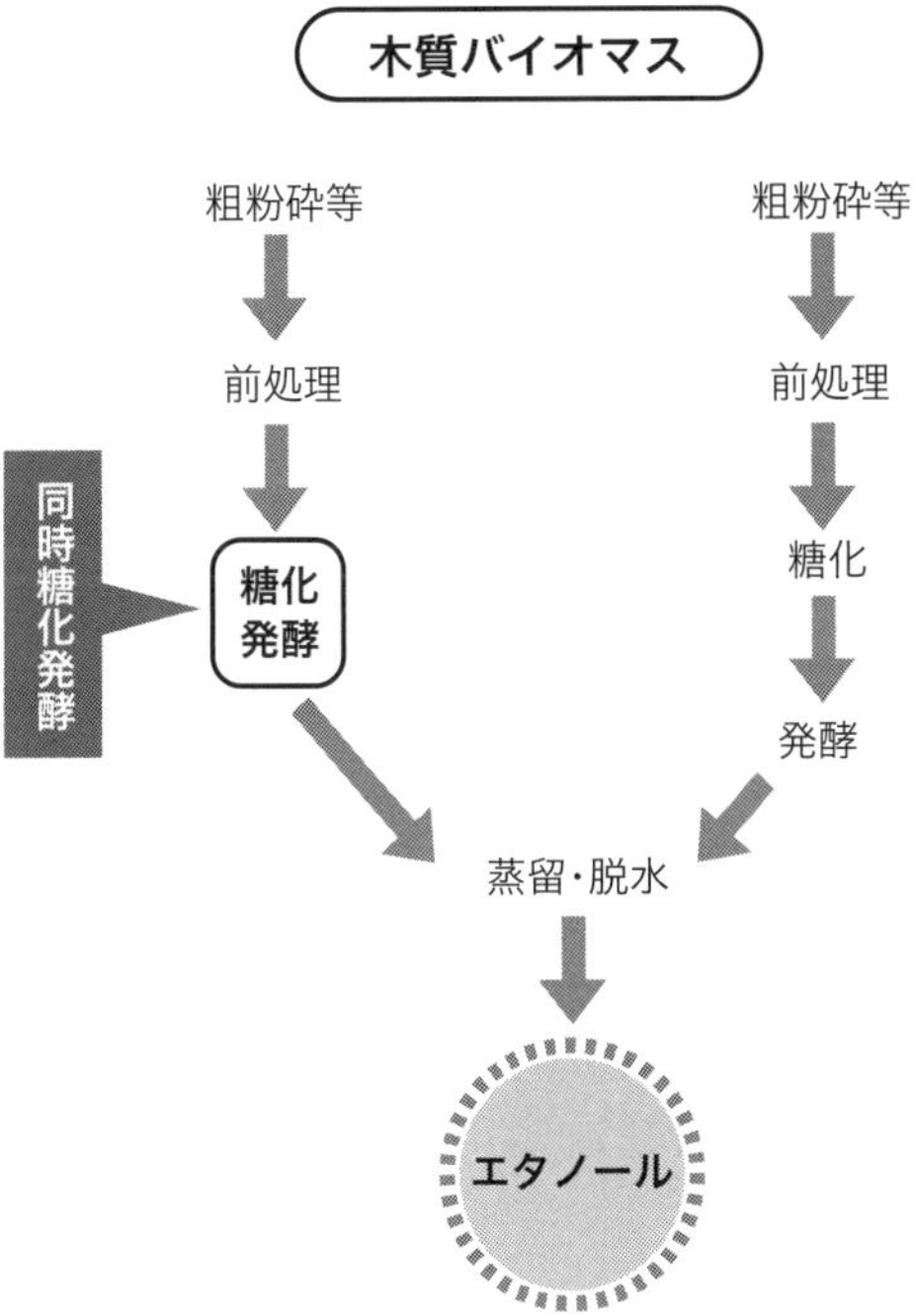

バイオマスを原料としたエタノール製造

ールアップする方法として三段仕込みがある。

酵母に糀《こうじ》（麹菌が澱粉を分解する酵素を生産する）と蒸米を段階的に加えていく方法に似ている。糖化しながら発酵するのだ。日本酒醸造では、アルコール濃度のみならず味や香りなどトータルバランスが重要なので、セルビシエが無理して働かせる状況はつくらない。バイオエタノール製造は、ブラックだとは言わない（餌となる植物バイオマスからつくった糖液は、濃い茶色で不味《まず》いと思う）が、コスパ重視なので酵母に相当無理をさせる。トリコデルマの酵素が最も効果的に働く温度は、五〇℃付近である。一方、セルビシエの発酵は、三〇℃付近が最もよい。双方に二〇℃の温度差があるのだ。酵素反応も化学反応の一つであり、発酵（代謝）は、複数の酵素反応の組合せとみなすこともできる。化学反応は、温度が上昇すると反応が進むので、反応温度は高い方が良い。となるとセルビシエに高温でも発酵できるようになってもらうよう、また無理をさせることになる。

サッカロマイセス属の親戚筋に *Klyuveromyces* クリベロマイセス属がある。この酵母は、四五℃の高温でも発酵できる性質をもっている。私は、当初これ以上セルビシエ

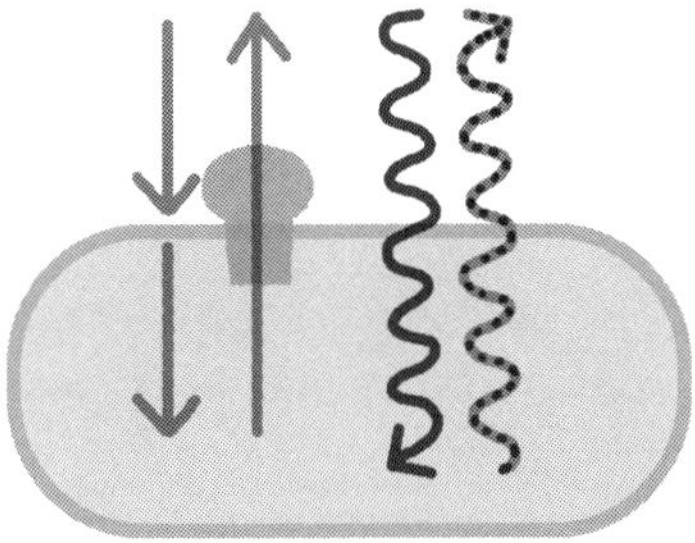

熱によるストレスを制御することは難しい

に無理させるのは難しいので、この酵母を新しい宿主にと思っていた。セルビシエは人と共に長い間、穀物などの澱粉や砂糖を原料に、常温から低温での発酵を生業《なりわい》にしてきた。いきなり原料も温度も違う環境で頑張れって言われてもキツいだろうと考えていたのだ。

塩やpHの変化によるストレスは、細胞の中と外での物質濃度の差によって起こるストレスだ。細胞膜のバリア機能を上げることで制御できる可能性がある。一方、熱ストレスは、エネルギー変化なので細胞膜を素通りし、細胞中に直接、そして一様に影響するため制御が難しい。発酵が複数の酵素反応の組合せならば、ウイークポイントとなる耐熱性の低い酵素を一つ見つけて、この熱耐性を上げても、代謝経路を次から次へと改良しなくてはならず、セルビシエの良いところが失われてしまうと考えていた。ところが当時の同僚だった松鹿昭則《まつしかあきのり》博士（本人曰《いわ》く、伊賀忍者と縁があるらしい）の成果を見て目を瞠《みは》った。セルビシエにクリベロの遺伝子を一つ入れるだけで、なんと四一℃での生存率が二倍になり、その分発酵性も向上するのだ。やるな！　セルビシエ、やるな！　クリベロ。そのカラクリはまだ不明な点が多いが、人の浅はかなネガティブイメージを吹っ飛ばす力が、小さな酵母に眠っているのだ。

これだから研究はやめられない。

流石《さすが》にトリコデルマの酵素が強力でも、木材にただ液体をかけて加熱すれば糖になる訳ではない。繊維をほどいて、酵素がセルロースやヘミセルロースに満遍なく作用できるような前処理が必要になる。これが結構激しくて、木をぐりぐりにすりつぶしてから、ぐつぐつ煮る（メカノケミカル処理）とか、煮る時に酸やアルカリを使用する。また、水蒸気中や希硫酸を含む溶液と木粉に圧力をかけてから、一気に解放することで木質組織を粉砕する（爆砕、原理はポン菓子と同じ）など色々ある。こうなると試料中に酸やら塩（酸やアルカリを中和することで生じる）やら様々なモノが糖液に混じってくる。こんな明らかにさらに不味いだろうモノを発酵しないとならないセルビシエも大変だ。

こうなるとまた発酵の効率が悪くなるので、なにか手を打たねばならない。

ここでまた、親戚筋の酵母の力を借りることになる。*Issatchenkia orientalis* イサケンキア・オリエンタリスという酵母がいる。元は、ロシアのフルーツジュースから見つかった菌だが、三重大学の久松眞《ひさまつまこと》先生らのグループでは、この酵母を長野の名湯、万座温泉から分離している。分離した酵母は、温泉のpH三・〇のみならず五％の硫酸ナトリウム（硫酸を中和した塩を想定）を含んだ状態で、pH二・〇まで増殖できる。この条件では、通常のセルビシエは増殖できないし、エタノールもつくれない。ここで、またもや松鹿博士らが活躍する。イサケンキアの遺伝子をセルビシエに入れると、またもや増殖・発酵できるようになるのだ。この遺伝子と同じものをセルビシエも持っている。しかし、イサケンキアの遺伝子でなければこの効果はない。複数のストレスに耐えるイサケンキアの遺伝子は、本来の機能プラスαを獲得しているのかも知れない。クリベロもイサケンキアも彼らの環境適応に関与する遺伝子は、もっと多数存在すると思う。たまたま、セルビシエに合うモノを見つけただけかも知れない。しかし、セルビシエ側に異種酵母由来の遺伝子を使いこなす度量の広さ（？）があることは間違いない。人付き合いの良いだけではない菌の性質が垣間見えた気がする。

ミクロの世界が美しい

菌類が美しいと声高に語っても、？となる方が大半だろう。担子菌の *Entoloma virescens* ソライロタケや *Hygrocybe psittacina* ワカクサタケは、その名の通りのきのこらしくない色味が愛らしく、鮮やかな緋色《ひいろ》の *H. coccinea* ベニヤマタケや、君は桜の精か？と問いたくなる朱鷺《とき》色のグラデーションをもつ小品 *Marasmius pulcherripes* ハナオチバタケは、可憐である。個人的な意見かも知れないが、これらのきのこは美しいより、可愛らしい印象を持っている。形態的特徴でいけば、球形ドームの骨組みのような *Ileodictyon gracile* カゴタケや、地面に落ちて皮が爆《は》ぜた木の実のような *Geastrum triplex* エリマキツチグリも奇抜でいい。ツチグリは、中国語で地星菌と呼ばれ、苗字《みょうじ》に星の入った身としては、親近感がわく。これで変形菌の *Lamproderma* ルリホコリ属や、ジクホコリ *Diachea leucopodia* のように青みの強い構造色（CDの表面のように見る角度によって色調が異なる）があれば良いのだが、残念ながら色味は、男子高校生の弁当と同じ茶一色である(これが私の真菌観だ)。

大きなきのこは、やはりイメージ通りだが、より詳細に眺めて見ると菌類のイメージは、一変するかも知れない。それほど見事なモノがいるのだ。トリモチカビ門、キクセラ亜門の菌糸は、水生昆虫の腸壁に張り付く部分で太く、先端に行くほどのびやかに細くなる。そして、その先端にたなびく稲穂のように胞子を付ける。これは、見事だし、ただただ眩しく、美しい。また、節足動物の体表に寄生する子囊菌に*Laboulbenia*ラブルベニア属がある。宿主が小さいので子実体も小さくて、ルーペでやっと見えるぐらいの大きさだが、構造が複雑でエモい。子実体が節句に飾る兜《かぶと》の鍬形《くわがた》に似ているからかも知れない。担子菌ならば、一㎜程の小さなきのこ*Hirticlavula elegans*が良い。その白い線香花火のような特徴的な形態は、可憐で美しい。この菌は残念ながら北欧と英国でしか、見つかっていない。是非、生菌に出会ってみたいものだ。

また、コウジカビなどの子囊果(有性生殖で形成される子囊を保護する構造)も石垣状に細胞が組み合わさって、内側に子囊を入れるものだ。さらにうどんこ病菌では、子囊果の表面に中華系瑞雲《ずいうん》のような付属糸がつき、これがまたカッコいい。植物の内部に埋まった子嚢果を半分に切り、中を見ると子嚢が詰まっている。胞子の数が増えると子嚢がバナナ形に伸び、これらを束ねて覆うように形態の異なる細胞からなる組織が発達する（個人的にこれまで子嚢菌は、自分の研究対象ではなかったが、子嚢殻や偽子嚢殻の断面には、うっとりするような魅力がある）。系統的に大きく違っていても同じような構造をとる。つまり子嚢を合理的に収めておく様式美がここにある。

有性生殖だけが、菌類構造の見せ場ではない。コピーを増やす無性生殖にも多くの見せ場がある。胞子一個が単純な一細胞だと思ってはいけない。*Alternalia* アルタナリアやフザリウムなどの子嚢菌の胞子は、複数の細胞に分割された後に成熟する。なるべく多く、コピーを残す戦略として優れているし、その形態自体が見事だと思う。さらに水中で生活する菌類では、胞子がテトラポッドのように組み合わされ、水の抵抗を受けやすく、水流で分散する構造となっている。合目的な選択により、形態の相似が起きたのだろう。とすればカタツムリの殻から汚れにくい外壁が生まれ、カワセミの流線形が新幹線のデザインに生かされるなどのバイオミミクリー（生物構造の情報を基に製品化する）に菌類の構造を生かせるかも知れない。微生物の生存戦略自体を模倣した材料は、まだ無いと思う。せっかく工学部に身を置くのだから、そんな目線でも菌を愛《め》でてみたい。

ああ！　でもここまで書いてきて、つくづく私もまだまだなのだなと思う。菌類の美しさを存分に言語化することができないのだ！　本書を含む新書シリーズの前身であるちくまプリマーブックスにある椿啓介《つばきけいすけ》先生が記された『カビの不思議』や訳書である『ウェブスター菌類概論』（講談社サイエンティフィク）に記された冷静な表現で菌の魅力を引き出す力に欠いている。今後は筑波《つくば》大の出川洋介《でがわようすけ》博士をさらに見習って、幅広い菌と魂が同化するほど精進したい。

個体の寿命と種の寿命

これまでに菌類の個体には、理論上は寿命が無いことを示した。では菌類の種は、未来永劫《えいごう》同じなのかと言うとそうでもない。絶滅する種がある。種全体が進化し、新たにバージョンアップした種に吸収される場合は、外から見てまだ希望がある。しかし、日本の二〇二〇年度版レッドデータブックには、国内の絶滅種二五種（二〇一七年度絶滅種であった、担子菌 *Cyathus badius* カバイロチャダイゴケは、二〇一九年に再発見されている。また、担子菌 *Circulocolumella hahashimensis* ハハシマアコウショウロは他の菌類との見間違いである)、野生絶滅種(飼育・栽培下あるいは自然分布域の明らかに外側で野生化した状態でのみ存続している種)一種(ケカビ門 *Cunninghamella homothalica* ドウタイクスダマケカビ:本属で唯一、自家和合性があるのでこの名がある)、絶滅危惧I類(絶滅の危機に瀕している種)三七種、同II類(ごく近い将来における野生での絶滅の危険性が極めて高いもの)二三種、準絶滅危惧種(現時点での絶滅危険度は小さいが、生息条件の変化によっては〝絶滅危惧〟に移行する可能性のある種)二一種、情報不足(評価するだけの情報が不足している種)五〇種がリストに上っている。人が菌類をかなり正確に認識できるようになってから、日本では既に二五種が絶滅した可能性があるのだ。日本で絶滅した二五種のうち、二一種が小笠原《おがさわら》諸島の固有種である。ここから生息域が限定的でその結果、個体群が小さな種は、生息環境の変化で絶滅に追い込まれることが想像できる。

和名のない担子菌でシイタケと同属の *Lentinus lamelliporus* というきのこがある。

一九〇二（明治三五）年、東京でフランスから来日したアルマン博士が採集し、故国に送った液体標本に基づくものだ。このきのこはこれ以降、一度も発見されていないので和名がない。

この年は、一月に八甲田山で雪中行軍の遭難事件が起き、三月に戦艦三笠《みかさ》が竣工するなど日露戦争に向かう、きな臭さが漂う時期であり、関東では八月に鳥島が噴火し、九月に江ノ電が開業し、一〇月に早稲田《わせだ》大学が開学するような頃だ。髷《まげ》を結った時代劇の舞台ではないが、現代劇とも異なる時期だ。当然、東京の様子も今とは異なっていただろう（たかだか五六年しか生きておらず、しかも物心ついてから四〇年程度しか経《た》っていない身から見ても、東京の変化は激しい。郷土愛の薄い理由がここにあるのかも知れない。よっぽど出稼ぎで家族を残した札幌《さっぽろ》の方が執着している）。採集地の環境が変化し、見られなくなった種は、菌類以外にも枚挙に遑《いとま》がない。

子嚢菌は小さな菌が多いが、例外的に嘘《うそ》だろと思うような記録がある。一七八五年インドネシアのジャカルタ近郊で記録された *Geopyxis cacabus* は、長さ四〇cm、太さ七・五cmの柄に、おちょこになった直径六〇cmの傘がつき、おちょこになった傘の深さが五

○cmもある化け物である。正確には絶滅の報告がなされていないが、こんな大きなきのこが、大都市のそばで生えていればインスタ映えすること間違いないと思う。騒ぎが日本まで届いていないので、大きく数を減らしたか、絶滅した（あるいは標本が残っていないので、都市伝説。庭園に飾られたサンゴを見間違えた説）かも知れない。こんな大きなきのこがあるかと思うかも知れない。

しかし、上には上があるのだ。*Prototaxites logamii* プロトタキシーテスは、デボン紀（三億五〇〇〇万年前）の地層から発掘された化石で、幹の太さが最大一m（ここまでくると〝柄〟と言う呼称が適当ではない気がする）、高さはなんと八mもある。当時の陸上最大の生物だ。これは何なのか、針葉樹・藻類・地衣類など様々な説が出た後、化石の同位体分析の結果、光合成ではなく有機物を分解して生きていたことが判って、となると菌類だろうと判断されている（お年を召すと健康診断で様々な身体的不調を数値で指摘されることが多い。死後、三億年以上経っても判っちゃうことがあるのだ）。こんなすごいヤツがニョキニョキ生えていたら壮観だと思うが、これも恐らくは過去の出来事だと思う。細胞自体は不死であっても、周りの環境変化や他の生物との競合で姿を消すことがある。いや、様々な動物が上陸してボリボリ食われるのが嫌で、小さくなったのかも知れない。傘が無くて棍棒《こんぼう》状の形態は、担子菌の*Clavariadelphus* スリコギタケ属やガマノホタケに似ているのだ。密猟によってアフリカ象の牙が短くなるように、姿を変えて生きていると楽しいなあ。何せ菌類は、深海から大気圏まで地球表層に広く分布しているのだ。化石となった恐竜が今も少年少女たちを魅了するように、化石となった菌類には、よく知れば人の度肝を抜くスゴいヤツがいるのだ。こんな事例をとっかかりに私たちの隣人である菌類のスゴさの一端を知って頂ければ幸いである。それでは皆さん、最後にご唱和下さい。〝すごいぜ！　菌類!!!〟

おわりに　菌の生き方と人の生き方

　ここまでご笑読頂き、誠にありがとうございます。私の菌類（問題）三部作もここで一応の区切りとなります。読者の皆さんが心の底でどう考えているかはさておき、自分的にはやり遂げた感に心が震えています。今日の酒もうまい筈《はず》だ（ウオッカ増々のモヒートにしよう！）。

　本書では、多くの方にとって得体の知れない存在である菌類を、様々なエピソードを交えて紹介しました。特に今回は、菌の生き方である生活環をなるべく詳しく紹介したいと思っていました。第二章でも記したように、私たちヒトは、核型が複相2nで一つの細胞に一個の核をもっている。自分たちが代表的な生物だと考えている動物も植物もこの核型で、細胞構造が同じため、皆さんもこれが真核生物のルールだろうと思っていたかも知れない。しかし、植物よりもずっと遺伝的にヒトに近い菌類の多くは、核型が単相nで一細胞内に複数の核が共存する多核という、随分異なるボディプランを採用している。藻類や原生生物にもこんな生き方をするものが多くいる。こちらも決してマイナーではないのだ。私たちが物事を考えるとき、私たちを基準に考えをまずまとめるのは、至極《しごく》真っ当なことだ。だが、それで全てが〝分かった〟訳ではない一例だと思う。自分たちの身近にいる生き物を、じっくり観察して、そこに違う世界と生き方があることを知って頂ければと思う。

私は、きのこの研究が仕事の一部であり、趣味でもある。これまでに何度か、自然や生物を愛するナチュラリストの方々に菌類を紹介する機会に恵まれたことがある。その際、何回話を聞いてもチンプンカンプンだと言われたのが、菌類の生活環の話題だ。大学で生物を教える先生からも、この話題では学生の食いつきが悪いと聞く。菌類を知る上で理解に時間がかかる項目の一つかも知れない。私は三〇代の頃、研究の必要性に駆られて担子菌の生活環を学んだ。生活の大半を二核相n＋nで生きるそのやり方に、得体の知れない未知の何かに触れた軽い怖れと、新しい何かが始まる期待が渦巻いていたことを覚えている。どの分野でもそうかも知れないが、自分の想像できなかったことに遭遇し、それを理解するまで随分時間がかかる。しかし、知ることで自分の脳内フィールドを少し拡張できると思う。本書が皆さんのそんな機会の一つになれば幸いである。
この本を手にし、書店のレジに進むことにより、読者の皆さんは、新しい知識を得ることができる。また、著者の見識に疑問を呈し、こんな事なら自分にだってできるとの知的好奇心やら自尊心が刺激される。これが、読者よし！　また、食用のきのこあるいは、発酵に関わらないならば、ただただ排除あるいは無視されてきた菌類たちを紹介することで、菌類の地位向上につながる。これが、菌類よし‼　そして、執筆（によって日々のストレスをエンターキーにぶつけること）により自らのパッションを解放し、（後にディスられることとはつゆ知らず）またここに成功体験を積み上げたとの自信（という名の勘違いで、短期間増長する）を持つ、著者もよし!!!の典型的な三方よしの構造となっている。

この原稿執筆時の二〇二〇年四月は、コロナ禍と称されるＣＯＶＩＤ‐19の全世界的な流行により、全国に緊急事態宣言が出された真っただ中にある。科学解説書にふざけた文章も入れて大丈夫なのかと、こんな私でも迷う気持ちも正直ある。だがユーモアは、（脳機能の衰えや故障だけではなく）心に余裕があって初めて成立するコミュニケーションツールだ。感情に流されず、冷静に状況を判断するだけでなく、合理的な客観と感情的な主観の折り合いを計る重要なスキルだと思う。黒澤明監督の名作〝七人の侍〟に登場する千秋実演じる林田平八は、剣の腕が中の下だが、冗談で人を和ませる能力があり、これを買われて参加する。その位ユーモアは、戦略的に重要なのだ（しかし彼は、七人の中で最初に戦死するので、同じ芸風の私は、複雑なものを感じる）。この本が出る頃、菌友《きんゆう》の多くがのんびりと読書を楽しんでいることを祈っている。あっ！　本書を読んだ方は、もれなく私の菌友に認定されます。これは、困ったことになったと思った方は、己の信念とは別に本書を友人・知人四名以上に無用に熱く推薦し、その活動記録をSNS等に上げて欲しい。これを拝見し、編集部と共に認定解除を検討したい。それでは、推し菌と共に楽しく世界を生き抜きましょう。

参考文献

第一章

M.S. Dodd et al. (2017) Evidence for early life in Earth's oldest hydrothermal vent precipitates. Nature 543: 60-64.

浜田信夫（二〇一三）『人類とカビの歴史 闘いと共生と』、朝日選書

J. Herren et al. (2020) A microsporidian impairs *Plasmodium falciparum* transmission in *Anopheles arabiensis* mosquitoes. Nature Commun 11: 2187.

細矢剛他（二〇一〇）『カビ図鑑』、全国農村教育協会

一島英治（二〇一七）『日本の国菌―コウジキンが支える社会と文化―』、東北大学出版会

H. Imachi et al. (2020) Isolation of an archaeon at the prokaryote-eukaryote interface. Nature 577: 519-525.

井上真由美（二〇〇二）『カビの常識 人間の非常識』、平凡社新書

M.D. Jones et al. (2011) Validation and justification of the phylum name Cryptomycota phy. nov. IMA Fungus 2: 173-175.

鏡味麻衣子（二〇〇八）「ツボカビを考慮に入れた湖沼食物網の解析」、日本生態学会誌58: 71-80.

H. Kameoka et al. (2019) Stimulation of asymbiotic sporulation in arbuscular mycorrhizal fungi by fatty acids. Nature Microbiol 4: 1654-1660.

槇村浩一（二〇一九）『医真菌１００種　臨床で見逃していたカビたち』、メディカル・サイエンス・インターナショナル

J.R. Marchesi (2010) Prokaryotic and eukaryotic diversity of the human gut. Adv Appl Microbiol 72: 43-62.
松岡裕之他（二〇〇四）『自治医科大学医動物学教室で3年間（2000-2002）に経験した寄生虫・衛生動物関連症例の検討』、自治医大医学部紀要27: 9-17.
宮治誠（一九九五）『人に棲みつくカビの話』、草思社
D. Moore 他（堀越孝雄他訳、二〇一六）『現代菌類学大鑑』、共立出版
M. Müller et al. (2012) Biochemistry and evolution of anaerobic energy metabolism in eukaryotes. Microbiol Mol Biol Rev 76: 444-495.
永宗喜三郎他編（二〇一八）『アメーバのはなし―原生生物・人・感染症―』、朝倉書店
A.P. Nutman et al. (2016) Rapid emergence of life shown by discovery of 3,700-million-year-old microbial structures. Nature 537: 535-538.
岡本典子・井上勲（二〇〇六）『二次共生による植物の多様化、ハテナと半藻半獣モデル』、「化学と生物」44：785-789.
太田祐子（二〇〇六）『ナラタケ属菌の分類・系統・生態およびならたけ病の防除』、樹木病学研究10: 3-10.
Royal Botanical Garden, Kew: State of the World's Fungi 2018 (https://stateoftheworldsfungi.org/)（二〇二〇年五月確認）.
白水貴（二〇一六）『奇妙な菌類　ミクロ世界の生存戦略』、NHK出版新書
園池公毅（二〇一八）『初期地球環境の変遷とシアノバクテリア』、生物工学 96: 626-629.
杉山純多編（二〇〇五）『菌類・細菌・ウイルスの多様性と系統』、裳華房
L. Tedersoo et al. (2018) High-level classification of the Fungi and a tool for evolutional ecological analyses.

Fugal Diver 90: 135-159.
宇田川俊一他（一九七八）『菌類図鑑』（上・下）、講談社
J・ウェブスター（椿啓介他訳、一九八五）『ウェブスター菌類概論』、講談社サイエンティフィク
N.N. Wijaywardene et al. (2018) Outline of Ascomycota – 2017. Fungal Divers 88, 167-263.
山本航平・折原貴道（二〇一八）『日本産地下生菌の分類学的研究史』、Truffology 1: 14-21.

第二章

T. Cavalier-Smith (1987) The origin of fungi and pseudofungi. In Evolutionary biology of Fungi (A.D.M. Rayner ed), Cambridge Univ Press.
M.C. Fisher et al. (2002) Molecular and phenotypic of *Coccidioides posadasii* sp. nov., previously recognized as non-California population of *Coccidioides immitis*. Mycologia 94: 73-84.
Y. Fukui, I. Takeuchi (1971) Drug resistant mutants and appearance of heterozygotes in the cellular slime mould, *Dictyostelium discoideum*. J Gen Microbiol 67: 307-317.
林部正也（一九七三）「酵母の出芽　形態的・生化学的考察」、日本醸造協会雑誌 68: 352-359.
D.S. Hibbett (2007) A higher-level phylogenetic classification of the Fungi. Mycol Res 11: 509-547.
小林享夫他編（一九九二）『植物病原菌図説』、全国農村教育協会
駒田旦他編（二〇一一）『フザリウム 分類と生態・防除』、全国農村教育協会
N.G. Liu et al. (2016) Perspectives into the value of genera, families and orders in classification. Mycosphere 7: 1649-1668.

T.R. Nag Raj (1993) Coelomycetous anamorphs with appendage-bearing conidia. Mycologue Publications.
佐久間大輔（二〇一九）『きのこの教科書 観察と種同定の入門』、山と溪谷社
K.A. Seifert et al. (2011) The Genera of Hyphomycetes. CBS Biodiversity Series no. 9. CBS-KNAW Fungal Biodiversity Centre.
B.C. Sutton (1980) The Coelomycetes. Fungi imperfecti with pycnidia and stomata. CMI.

第三章

A. Antunes et al. (2008) A new lineage of halophilic, wall-less contractile bacteria from brine-filled deep ofhe Red Sea. J Bacteriol 190: 3580-3587.
R.P. Boisseau et al. Habituation in non-neural organisms: evidence from slime moulds. Proc R Soc B 283: 20160446.
G・P・チュウプリック・S・H・フェイス（大園享司訳）（二〇一二）『グラスエンドファイトその生態と進化』、東海大学出版会
D. Floudas et al. (2012) The Paleozonic origin of enzymatic lignin decomposition reconstructed from 31 fungal genomes. Science 336: 1715-1719.
Y. Fukasawa et al. (2020) Ecological memory and relocation decisions in fungal mycelial networks: responses to quantity and location of new resources. ISME J 14: 380-388.
服部武文（二〇〇八）『きのこの代謝のひみつとその環境浄化への応用』「生存圏研究」4: 1-9.
東嶋健太他（二〇一二）『東日本大震災による津波被災紙中に存在する糸状菌の同定』、「紙パ技協誌」66:

999-1007.
T. Hoshino et al. (1997) Isolation of *Pseudomonas* species from fish intestine that produce a protease active at low temperature. Lett Appl Microbiol 25: 70-72.
星野保他（二〇一六）『南極産酵母の環境適応機構の解明とその産業利用』、「生物工学」94: 329-331.
池田輝雄（一九八九）『*Prototheca*属の藻類学的研究』、麻布大学
井上重治（二〇〇二）『微生物と香り　ミクロ世界のアロマの力』、フレグランスジャーナル社
國頭恭・松本聰（二〇一〇）『土壌中の重金属耐性微生物の生態と浄化への利用』、「地球環境」15: 37-44.
C.-H. Lee et al. (2020) Sensory cilia as the Achilles heel of nematodes when attacked by carnivorous mushrooms. PNAS 117: 201918473. 10.1073/pnas.1918473117.
牧野崇司・横山潤（二〇一四）『共生関係にひそむ第三者：花蜜を利用する酵母・細菌が変える植物―送粉者相互作用』、「日本生態学会誌」64: 101-115.
L. Márquez et al. (2007) A virus in fungus in a plant: Three-way-symbiosis required for thermal tolerance. Science 315: 513-515.
成澤才彦（二〇一一）『エンドファイトの働きと使い方』、農山漁村文化協会
野村俊尚他（二〇一四）『ホンモンジゴケを円形状に枯死させる病原菌について』、「蘚苔類研究」11: 87-88.
N.S. Panikov, M.V. Sizova (2007) Growth kinetics of microorganisms isolated from Alaskan soil and permafrost in solid media frozen down to -35℃ .FEMS Microbiol Ecol 59: 500-512.
坂西欣也他（二〇〇八）『トコトンやさしいバイオエタノールの本』、日刊工業新聞社
佐竹研一（二〇一三）『銅ゴケの不思議』、イセブ

A. Schüßler (2018) The Geosiphon pyriformis symbiosis – fungus ‘eats’ cyanobacterium. (http://www.geosiphon.de/geosiphon_home.html)（二〇二〇年五月）
F.E.F.Soares et al (2018) Nematophagous fungi: Far beyond the endoparasite, predator and ovicidal groups. Agr Nat Resour 52: 1-8.
K. Suetsugu et al. (2020) Mushroom attracts hornets for spore dispersal by a distinctive yeasty scent. Ecology 100: 10.1002/ecy.2718.
K. Takai et al. (2008) Cell proliferation at 122℃ and isotopically heavy CH4 production by a hyperthermophilic methanogen under high-pressure cultivation PNAS 105: 10949-10954.
D. Vogel, A. Dussutour (2016) Direct transfer of learned behaviour via cell fusion in non-neural organisms. Proc R Soc B 283: 20162382.
渡邊貴由（二〇一四）『線虫天敵糸状菌の培養物による植物の線虫害軽減に関する研究』、東京農工大学
横田祐司他（二〇一三）『南極産担子菌酵母を利用した低温下でのパーラー排水の活性汚泥処理』、「用水と廃水」55: 831-835.
横山元（一九九九）『シャグマアミガサタケ試食記』、「埼玉きのこ研究会会誌」いっぽん 13（http://ippon.sakura.ne.jp/kaihou_ippon/ippon_kiji/no13_09.htm）（二〇二〇年五月）
A.M. Yurkov et al. (2020) *Mrakia fibulata* sp. nov., a psychrotolerant yeast from temperate and cold habitats. Antonie van Leeuwenhoek 113: 499-510.
S.-H. Zhang (2016) The genetic basis of abiotic stress resistance in extremophilic fungi: The gene cloning and application. In Fungal applications in sustainable environmental biotechnology (D. Purchase eds)

Springer

第四章

B. Akers A cave in Spain contains the earliest known depictions of mushrooms. Mushroom, The Journal of Wild Mushrooming（https://www.mushroomthejournal.com/a-cave-in-spain-contains-the-earliest-known-depictions-of-mushrooms/）（二〇二〇年五月）

環境省レッドリスト（https://ikilog.biodic.go.jp/Rdb/booklist）（二〇二〇年五月）

工藤伸一・鈴木克彦（一九九八）『キノコ形土製品について』、「青森県埋蔵文化調査センター研究紀要」、3: 68-73.

K. Krogerus et al. (2018) A unique *Saccharomyces cerevisiae* × *Saccharomyces uvarum* hybrid isolated from Norwegian farmhouse beer: characterization and reconstruction. Front Microbiol 9: 2253.

P.A. Hariot, N.T. Patouillard (1920) Liste des champignons récoltés au Japon par M. le D'Harmand. Bull Mus Hist Nat Paris 8: 129-133.

M. Hisamatsu et al. (2006) Isolation and identification of a novel yeast fermenting ethanol under acidic conditions. J Appl Glycosci 53 111-113.

堀博美（二〇一四）『ベニテングタケの話』、ヤマケイ新書

D. Libkind et al. (2011) Microbe domestication and the identification of wild genetic stock of larger-brewing yeast. PNAS 108: 14539-14544.

S.I. Ljungh (1804) PEZIZA Cacabus, En ny och besynnerlig svamp från Java.K Vetensk-Acad Nya Handl

25: 39-41.

A. Matsushika et al. (2016) Identification and characterization of a novel *Issatchenkia orientalis* GPI-anchored protein Gas1 required for resistance to low temperature and salt stress. PLOS ONE 11: e0161888.

松鹿昭則他（二〇一八）『新規高温耐性付与遺伝子とその利用法』、特開2018-78883.

S. Onofri et al. (2007) Continental Antarctic fungi. IHW-Verlag.

折原貴通他（二〇二〇）環境省レッドリスト掲載地下生菌（スナタマゴタケ、ハハシマアコウショウロ、シンジュタケ）の再探索と部分布の現状について。Truffology 3: 17-21.

J. Petersen et al. (2014) Hirticlavula elegans, a new clavarioid fungus from Scandinavia. Karstenia 54: 1-8.

E. T. Reese et al. (1950) Quartermaster culture collection. Farlowia 4: 45-86.

G. Samorini (1992) The oldest representations of hallucinogenic mushrooms in the world (sahara desert, 9000-7000 b.p.). Integration 2&3: 69-78.

O.S.Tendal (2017) Gamle biologiske samlingers betydning – et eksotisk, zoologisk eksempel. Habitat 16: 6-17.

ちくまプリマー新書

319
生きものとは何か
——世界と自分を知るための生物学

本川達雄

生物の最大の特徴はなんだろうか？　地球上のあらゆる生物は様々な困難（環境変化や地球変動）に負けず子孫を残そうとしている。生き続けることこそが生物!?

335
なぜ科学を学ぶのか

池内了

科学は万能ではなく、限界があると知っておくことが重要だ。科学・技術の考え方・進め方には一般的な法則がある。それを体得するためのヒントが詰まった一冊。

347
科学の最前線を切りひらく！

川端裕人

複雑化する世界において、科学は何を解明できるのか？　古生物、恐竜、雲、サメ、マイクロプラスチック、脳など各分野をリードする６名の科学者が鋭く切り込む。

011
世にも美しい数学入門

藤原正彦
小川洋子

数学者は、「数学は、ただ圧倒的に美しいものです」とはっきり言い切る。作家は、想像力に裏打ちされた鋭い質問によって、美しさの核心に迫っていく。

175
系外惑星
——宇宙と生命のナゾを解く

井田茂

銀河系で唯一のはずの生命の星・地球が、宇宙にあふれているとはどういうこと？　理論物理学によって、太陽系外惑星の存在に迫る、エキサイティングな研究最前線。

ちくまプリマー新書355
すごいぜ！ 菌類《きんるい》

二〇二〇年七月十日 初版第一刷発行

著者 星野保（ほしの・たもつ）

装幀 クラフト・エヴィング商會

発行者 喜入冬子

発行所 株式会社筑摩書房
東京都台東区蔵前二-五-三 〒一一一-八七五五
電話番号 〇三-五六八七-二六〇一（代表）

印刷・製本 中央精版印刷株式会社

ISBN978-4-480-68380-9 C0245 Printed in Japan